Bibliothèque de l'Horticulteur praticien

LES BONNES FRAISES

MANIÈRE DE LES CULTIVER

POUR LES AVOIR AU MAXIMUM DE BEAUTÉ

SUIVI D'UN CALENDRIER

Indiquant les travaux à faire dans une fraisière pendant les douze mois de l'année

CONSEILS BASÉS SUR UNE EXPÉRIENCE DE QUINZE ANNÉES

PAR

FERDINAND GLOEDE

Propriétaire
Membre de la Société impériale et centrale d'Horticulture, de l'Académie nationale et de plusieurs autres Sociétés françaises et étrangères

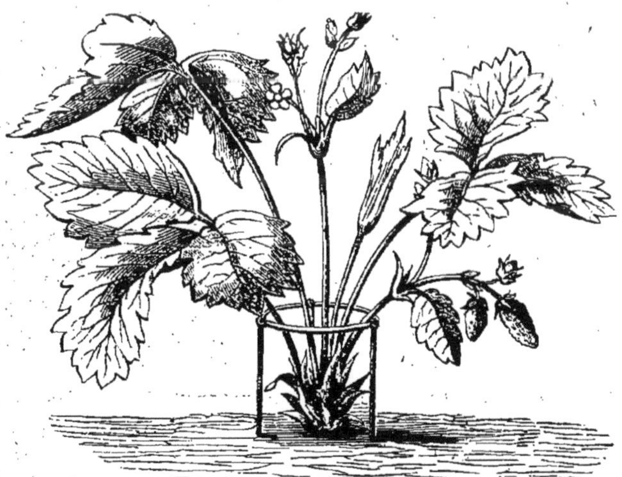

PARIS

LIBRAIRIE CENTRALE D'AGRICULTURE ET DE JARDINAGE

RUE DES ÉCOLES, 82, PRÈS LE MUSÉE DE CLUNY

— Auguste GOIN, éditeur —

Anciennement QUAI DES GRANDS-AUGUSTINS, 41

LES

BONNES FRAISES

ÉVREUX, A. HÉRISSEY, IMP. — 565.

LES

BONNES FRAISES

MANIÈRE DE LES CULTIVER

POUR LES AVOIR AU MAXIMUM DE BEAUTÉ

SUIVI D'UN CALENDRIER

Indiquant les travaux à faire dans une fraisière pendant les douze mois de l'année

CONSEILS BASÉS SUR UNE EXPÉRIENCE DE QUINZE ANNÉES

PAR

FERDINAND GLOEDE

Propriétaire

Membre de la Société impériale et centrale d'Horticulture, de l'Académie nationale et de plusieurs autres Sociétés françaises et étrangères

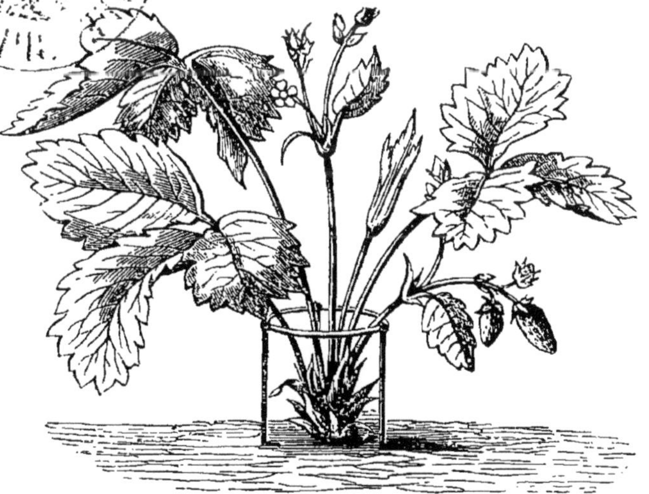

PARIS

LIBRAIRIE CENTRALE D'AGRICULTURE ET DE JARDINAGE

RUE DES ÉCOLES, 82, PRÈS LE MUSÉE DE CLUNY

— Auguste **GOIN**, éditeur —

1865

A MONSIEUR

LE DOCTEUR V. ANDRY

SECRÉTAIRE GÉNÉRAL

De la Société impériale et centrale d'Horticulture
de Paris

Hommage respectueux de l'auteur

FERDINAND GLOEDE

AVANT-PROPOS

Beaucoup de bonnes choses ont été publiées çà et là sur la culture du fraisier, et il pourrait paraître *hardi* de ma part de prendre la plume, après l'apparition récente d'un ouvrage aussi complet et aussi remarquable que celui dont M. le comte de Lambertye a enrichi l'horticulture (1).

Cependant bon nombre de mes amis et beaucoup de jardiniers de profession m'ont vivement engagé de publier le résultat de ma longue expérience dans

(1) LE FRAISIER, *histoire*, *botanique et culture*, 1 vol. in-8°, *franco*, 5 fr. — Auguste GOIN, éditeur.

cette spécialité, à laquelle j'ai consacré les dernières quinze années de ma vie.

En livrant donc à la publicité les pages suivantes sous une forme simple et populaire, et par conséquent à la portée de tout le monde et surtout à l'usage des personnes encore peu initiées à cette branche si intéressante de l'horticulture, j'ai l'espoir d'augmenter le nombre de ceux qui s'occupent de la culture du fruit de ma prédilection, persuadé qu'en suivant mes conseils on s'en trouvera bien.

Je fais appel à l'indulgence de mes lecteurs, si par fois mon style laisse à désirer, bien que j'aie pris pour tâche de m'expliquer aussi clairement que possible.

FERDINAND GLOEDE.

Les Sablons, par Moret (S.-et-Marne), le 11 mars 1865.

LES BONNES FRAISES

CULTURE DE PLEINE TERRE

Choix du terrain et travaux préparatoires

Contrairement aux assertions de bon nombre de personnes, j'ose soutenir que le fraisier réussit dans *tous les terrains*, à condition toutefois que nous lui donnions quelques soins, peu considérables d'ailleurs en comparaison des nombreuses jouissances que nous en retirons !

J'ai vu des fraisiers réussir parfaitement dans les sables presque purs à Fontainebleau, et même dans la forêt, aux alentours de la gare de Thomery; mais il convient d'ajouter que les personnes qui s'en occupaient ne regrettaient point un peu de soins. J'en ai encore vu qui donnaient des produits *remarquables*, cultivés dans des cours de grande ville, bien exposés à l'air et au soleil, mais où il n'y avait pour ainsi dire point de terre végétale. Là, le propriétaire, amateur passionné,

1.

creusait des trous de 33 centimètres de diamètre sur autant de profondeur, qu'il remplissait ensuite avec un compost préparé d'avance à cet effet, et dans lequel il plantait ses fraisiers. Au bout de deux ans il retirait compost et fraisiers et les remplaçait par d'autres composts et d'autres fraisiers, et ainsi il agissait pendant bon nombre d'années, ayant la satisfaction de voir sa table abondamment garnie de fraises superbes et excellentes.

Dans les sables de Fontainebleau on réussissait assez bien en paillant régulièrement et en arrosant en cas de sécheresse.

Enfin, j'en ai vu qui donnaient de beaux fruits, cultivés dans du tuf et de la terre glaiseuse, sans addition de fumier.

L'essentiel est d'avoir la ferme volonté de réussir, et les plus grands obstacles sont aisément vaincus.

Nous faisons souvent beaucoup de frais pour une fleur de peu de durée, nous donnons des soins assidus à un arbre fruitier qui souvent ne nous rend nos peines qu'au bout de longues années, et nous traiterions avec indifférence et parcimonie le plus joli et le moins exigeant de tous nos fruits, celui qui, souvent l'année même de la plantation, nous fournit un dessert magnifique ?

A l'œuvre donc ! et, avec un peu de persévérance, nous verrons arriver le moment où tout le monde, et partout sur la terre du bon Dieu, pauvre et riche, pourra se régaler de fraises à satiété.

En suivant mes instructions, personne n'aura à l'avenir le droit de dire que les fraisiers ne réussissent point dans son jardin.

La première condition d'une fraisière est qu'elle soit établie dans un endroit aéré, éloigné de grands arbres. Le grand soleil, loin de nuire aux fraisiers, leur est favorable, pourvu qu'ils reçoivent les soins que je vais indiquer dans les pages suivantes.

Le terrain destiné à la plantation doit être *profondément* labouré et *de préférence à la bêche*, et au moins à 33 centimètres, davantage si faire se peut. En labourant un terrain épuisé par d'autres cultures, on enterre un bon lit de fumier au moins à moitié consommé, dans une terre forte et humide, de *préférence* du fumier de cheval, de volaille, de lapin ou de mouton; et dans un sol léger et chaud *de préférence* du fumier de vache ou de porc. S'il est possible, ce labour doit être fait *grossièrement avant l'hiver*, afin de permettre aux gelées d'exercer leur influence bienfaisante en pénétrant dans le terrain. Si cependant on était obligé de différer le labour jusqu'au printemps ou en été, il serait essentiel de laisser la terre bien se tasser avant de procéder à la plantation.

Si la terre est bonne et non fatiguée par des récoltes épuisantes, on peut même très-bien se dispenser de l'engraisser pendant quelques années, mais dans ce cas les terreautages après l'hiver ne doivent pas manquer.

Époque de la plantation

Dans le cas où l'on a chez soi des porte-coulants, je conseille de planter de très-bonne heure, en juillet s'il est possible, et si à cette époque le jeune plant est déjà assez fort pour subir la transplantation. Ce mode a deux avantages : le premier consiste en ce que les fraisiers ont le temps de s'enraciner profondément et de se fortifier avant l'hiver pour donner une pleine récolte l'année suivante, et le second, en ce que l'on ne perd pour ainsi dire pas de plant, attendu que l'opération peut être faite par un temps propice et au moment opportun, ce qui n'a pas lieu lorsque le plant vient d'ailleurs et souffrira dans cette saison chaude nécessairement plus ou moins du transport.

Si donc le plant n'est pas sous la main, on attendra le mois de septembre pour en faire venir; non-seulement il voyagera avec plus de sécurité, mais encore il sera plus vigoureux et pourvu de bonnes racines, et par conséquent reprendra plus facilement.

Il ne faut cependant pas s'attendre à récolter autant de fruits la première année que lorsqu'on plante en juillet.

Je dirai donc que le mois de septembre est le plus favorable pour faire des *plantations générales*, souvent même octobre vaut encore mieux.

En plantant en novembre ou décembre, on serait obligé de surveiller les jeunes plantations, ce qui dans cette saison offre souvent certaines difficultés. Si donc les plantations n'ont pu être terminées avant la fin d'octobre, je conseillerai d'attendre le printemps, et souvent le résultat sera le même qu'en septembre et octobre. S'il s'agit de planter au printemps avec espoir de récolter quelques fraises la même année, il faudrait s'y prendre de bonne heure : à partir de février, si le temps le permet, et jusqu'à la fin de mars. En avril, les boutons floraux commencent à paraître, et si on était obligé de procéder à la plantation alors, il faudrait supprimer les fleurs, car le plant ne serait pas suffisamment enraciné pour nourrir les fruits et, en outre, la réussite ultérieure serait compromise.

Manière de planter

Le terrain étant dans les conditions précitées, on nivelle et on trace les planches ou les lignes, ensuite on prend un transplantoir (*fig. 1*), sorte de petite truelle évasée (instrument d'une grande utilité dans la culture des fraisiers), on ameublit

Fig. 1. — Transplantoir.

la terre qui doit recevoir les fraisiers, on l'ouvre avec la main gauche et on écarte avec la main droite les racines *obliquement* dans le trou (*fig. 2*), après quoi on laisse tomber dessus la terre retirée par la main gauche et on appuye fortement autour du collet de la plante, dont l'œil doit se trouver au niveau de la terre, ainsi que nous l'avons indiqué sur la figure ci-après par la ligne ponctuée.

Un grand vice dans la plantation des fraisiers existe malheureusement dans beaucoup de jardins, et qui ne peut être blâmé assez sévèrement, c'est de planter au *plantoir* en emprisonnant les racines en *paquet* dans un trou perpendiculaire.

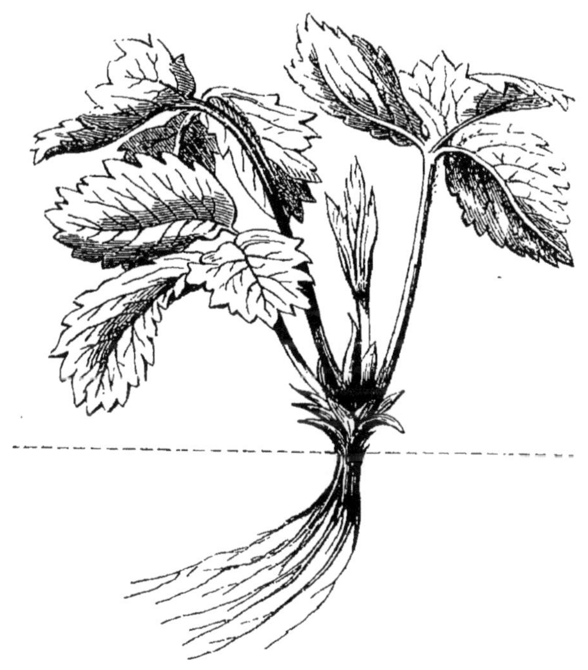

Fig. 2. — Pied de fraisier au moment de sa plantation.

Par ce seul fait, beaucoup de plantations ont donné de mauvais résultats.

La plantation du nombre de pieds voulu terminée, on arrose *avec la pomme* de l'arrosoir, *même par un temps pluvieux*, afin de faire promptement adhérer les racines à la terre, et on continue jusqu'à la parfaite reprise.

Dans les jardins de petite dimension, je conseille de planter en *planches* ou en *bordures*, tandis que pour la grande culture ou dans les grands jardins où on ne regarde pas à quelques mètres de terrain, je préférerais la plantation en *lignes* par les motifs qu'on lira plus loin.

Une planche doit avoir 1 mètre 20 centimètres de largeur et contenir trois rangées de fraisiers également espacés. Sur la ligne, on plante à 60 centimètres de distance et en quinconce.

En bordure, une distance de 40 centimètres entre les fraisiers est suffisante. Ces distances s'appliquent aux variétés à gros fruits; pour les quatre saisons on pourra faire quatre rangs par planche et à 33 centimètres de distance les pieds les uns des autres en tous sens. Si l'on veut faire des *bordures* de fraises de quatre saisons, la variété sans filet ou de Gaillon est préférable. Outre qu'elle fait de très-jolies bordures, elle n'exige aucune surveillance des coulants, et produit ses jolis et bons fruits abondamment jusqu'aux gelées.

Soins à donner aux fraisiers après la plantation

L'objet le plus important est sans contredit

l'impitoyable enlèvement des coulants, au moins une fois par semaine, et avant que les rosettes ne prennent racines. La différence de produit entre du plant dont on a régulièrement supprimé les filets et celui abandonné à lui-même et à la libre émission des coulants est incroyable. *Je ne saurais trop insister sur ce point.* Non-seulement toute la séve qui servirait à alimenter une multitude de jeunes plantes est nécessaire à renforcer les pieds mères et les mettre en état de produire une bonne récolte ; mais il y a en outre une question de propreté, de bonne tenue qui, n'est pas sans valeur, car les filets étant régulièrement détruits dans une fraisière, rien ne s'oppose à esherber et à donner à la plantation une apparence qui plaît à l'œil.

S'il y avait plusieurs variétés dans la même planche ou dans la même bordure, la suppression des coulants garantit encore contre le mélange, ce qui est un objet important pour l'étude des mérites respectifs de chaque variété.

Une fois les fraisiers en place, on évitera de *labourer* entre eux, inconvénient qui aurait pour résultat de couper une multitude de racines tendres émises du collet, qui s'étendent très-loin, et qui sont d'une grande utilité à la santé de la plante.

Pour donner des binages, on se servira d'une ratissoire, mieux repoussoire, ou d'une binette à deux dents, qui détruisent l'herbe en ameublissant la surface.

La plantation faite et soignée comme j'ai dit plus haut, les fraisiers passeront l'hiver le plus rude sans couverture ni abri ; cependant, je recommande expressément de ne point leur retrancher les feuilles mortes ou desséchées, qui sont nécessaires pour protéger le collet pendant les grands froids ou la neige et qui ne devront être retirées qu'en février ou mars.

Traitement après l'hiver et avant la fructification

Lorsque, au mois de février, les fortes gelées sont passées, on nettoie les plantations, on retire les vieilles feuilles et on donne en même temps un léger binage. Ensuite on fera bien d'arroser une fois par semaine avec du jus de fumier, où à défaut de répandre sur la terre une légère couche de compost, de terreau, cendres de bois et de suie. La végétation ne tardera pas à se montrer et nous arrivons insensiblement à la fin de mars. C'est le moment de songer au *paillis*.

Pour cet usage, n'employer jamais ni de la mousse, ni de l'herbe fraîche, ni du fumier ; car les premières ont l'inconvénient d'héberger une foule d'insectes et de faire développer des moisissures, et le dernier, s'il n'a pas perdu toute sa fermentation, brûlera les jeunes feuilles et les cœurs des fraisiers. Je conseille donc d'employer de la paille fraîche coupée, dont on couvre toute la surface des plantations, sauf le milieu de la plante.

Ce paillis empêchera que les fraises ne se salissent et offre l'avantage de rendre les arrosements presque inutiles, et par conséquent d'augmenter le parfum des fruits, car avec un bon paillis on n'est pas obligé de les laver pour les servir à table.

Une autre matière, très-convenable pour le paillis, est le tan ayant servi à la fabrication des cuirs et dont on fait un grand usage en Angleterre. Je me demande s'il ne serait pas permis d'attribuer à ce genre de couverture l'absence complète de vers blancs dans les cultures de fraisiers de nos voisins d'outre-mer ? Je vais en faire l'essai cette année.

A propos de tan, je recommande de ne jamais *l'enterrer* tant qu'il ne sera pas réduit en terreau, et, si l'on est obligé de détruire une fraisière après la récolte, de l'enlever avec un râteau pour le mettre en tas jusqu'à ce qu'il soit devenu terreau.

Outre les deux genres de paillis que je viens de recommander, j'engage les personnes, les amateurs principalement, qui ne regrettent pas un peu de peine supplémentaire, de se procurer des *porte-fraises* en fil de fer galvanisé, *avec des pieds mobiles* (*fig. 3*), que chacun peut confectionner lui-

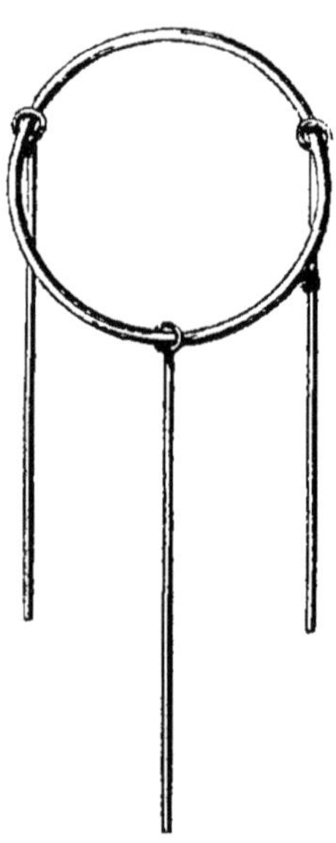

Fig. 3. — Porte-fraises avec pieds mobiles.

Épaisseur du fil de fer
Diamètre de l'anneau, 15 centimètres.
Hauteur des pieds... 30

même, et qui seront enfoncés en terre au milieu de chaque fraisier après que le fruit est noué, en passant avec précaution les bampes fruitières en dedans de l'anneau. Ainsi tuteurées, les fraises sont mieux exposées au soleil et se colorent plus régulièrement que si on les laisse couchées sur terre. Par des temps pluvieux elles se conserveront mieux, ce qui est un grand avantage.

Cueillette

La cueillette des fraises est une besogne qui le plus souvent est mal faite, en conséquence leur fraîcheur s'altère très-vite, et il arrive que lorsqu'elles sont servies au dessert beaucoup sont déjà en état de décomposition, ou au moins ont perdu leur belle apparence. Je ne crois donc pas superflu de dire quelques mots sur la meilleure manière de faire la cueille. D'abord elle ne doit être faite que le matin avant neuf heures, même par la rosée; le fruit doit être choisi parfaitement mûr et coloré sur toute sa surface. Il doit être coupé avec le pouce et l'index ou avec des petits ciseaux, et il *doit conserver le calice et la queue.* On le dépose au fur et à mesure dans un panier plat qui est ensuite porté à la cave ou dans un garde-manger très-frais.

Jamais une fraise ne doit être lavée, car je suppose que le paillis a été bien fait. S'il en était autrement, on ne la lavera qu'au moment de servir.

Emballage et transport des fraises

Les fraises destinées à être transportées, surtout celles pour la vente, ne doivent pas être cueillies à leur complète maturité pour mieux supporter le voyage. Elles doivent conserver également le calice et la queue. C'est un fruit tellement délicat qu'il ne peut être convenablement transporté qu'à bras où sur le dos, car un de ses grands mérites est d'arriver non flétri et non froissé sur la table.

Cependant beaucoup d'amateurs de fraises, et qui ne l'est pas? possédant un jardin éloigné de leur résidence en ville, seraient bien aises de s'en faire expédier régulièrement par leur jardinier lorsqu'une circonstance quelconque les oblige à passer quelque temps à la ville. Les personnes qui cultivent pour la vente seront aussi bien aises de tirer bon parti de leurs fraises, surtout à l'état de primeur. Je conseille donc de se procurer des boîtes plates en bois solide et proportionnées à la quantité qu'on veut emballer et qui ne devront contenir qu'*une seule couche de fraises.* On mettra au fond un peu de ouate, ensuite on garnira avec des feuilles fraîches et sèches de fraisier, puis on placera avec soin les fruits par rangs, en mettant entre chaque rang quelques feuilles, et ainsi de suite jusqu'à ce que la boîte soit pleine. On couvrira avec d'autres feuilles de fraisier et par-dessus encore avec de la ouate, en sorte qu'il ne reste aucun vide dans la boîte; puis on fixera le couvercle. Si l'emballage a été bien fait, les fraises doivent supporter sans dommage un assez long parcours en chemin de fer. Il va sans dire que l'on peut réunir plusieurs de ces boîtes dans un seul colis, en les attachant les unes sur les autres avec une bonne ficelle.

Usage des fraises

Confitures. — Je n'apprendrai rien de nouveau à mes lecteurs en leur parlant des qualités bienfaisantes de la fraise. Tout le monde les connaît. Aussi me bornerai-je à dire qu'on peut en manger à volonté et à toute heure de la journée sans le moindre inconvénient, à l'état naturel ou assaisonnée selon le goût de chacun.

Les fraises sont délicieuses avec du vin, du rhum ou du kirsch, et délicieusissimes avec du vin de Champagne. Un célèbre gourmet recommandait d'ajouter aux fraises du sucre en poudre arrosé avec un peu de jus de citron, et quiconque a jamais mangé en Angleterre des fraises avec de la crême s'en souviendra toute sa vie !

Bonne recette pour confitures. — Prenez pour 500 grammes de fraises, 500 grammes de sucre très-fin et en poudre, faites fondre le sucre avec un verre d'eau, ensuite faites le bien cuire au cassé. Arrivé à ce degré, jetez-y les fraises et laissez bouillir sur un feu très-vif encore 7 à 8 minutes. Ensuite retirez les fraises avec une écumoir et en emp'issez vos pots. Cette opération terminée, remettez le sirop qui est resté dans la bassine sur le feu et versez-en *une cuillerée* sur chaque pot de fraises. Ce qui reste de sirop est passé à la chausse ou au tamis pour servir de boisson très-agréable mélangé avec de l'eau.

Toutes les fraises indistinctement ne sont pas bonnes pour faire des confitures. Il les faut ayant la chair ferme et beurrée, telles que la *British-Queen*, la *Châlonnaise*, *Carolina superba*, mélangées avec des *Quatre-Saisons* et avec quelques fraises à chair rouge pour donner de la couleur.

J'en ai mangé en Angleterre faites uniquement avec la variété *la Constante*, qui m'ont paru supérieures à toutes les autres.

Soins à donner aux fraisiers après la récolte

C'est à tort que beaucoup de personnes croient qu'une fois la récolte faite les fraisiers peuvent sans inconvénient être abandonnés à eux-mêmes jusqu'au moment, souvent fort tard en saison, où il n'y a rien de mieux à faire au jardin! Erreur grave, car les plantes, plus ou moins épuisées par une abondante fructification, ont besoin de toute notre sollicitude pendant le reste de la belle saison si nous voulons les conserver une seconde année avec quelque espoir de succès.

Notre premier devoir est de donner un bon binage, et aux plantes des arrosements copieux avec de l'engrais liquide. Après cela on rechaussera les pieds qui auraient le collet trop au-dessus du sol, car c'est de ce collet que partiront de jeunes racines destinées à rendre aux plantes une nouvelle vigueur. On surveille les mauvaises herbes, on bine légèrement lorsque la terre est plombée par des pluies d'orage, et on arrose en cas de sécheresse. Il va sans dire que les coulants seront toujours supprimés avant qu'ils puissent prendre racines. Ainsi traités, les fraisiers peuvent donner des récoltes satisfaisantes pendant 2 ou 3 années consécutives, bien qu'il ne faille pas compter sur des fruits aussi gros et aussi beaux qu'en culture *bisannuelle*.

Culture bisannuelle en lignes

Ainsi que je l'ai dit dans un chapitre précédent,

je conseille ce mode de culture aux cultivateurs pour la vente, et aux propriétaires de grands jardins qui veulent consacrer une certaine étendue de terrain d'une manière pour ainsi dire perpétuelle à la culture du fraisier, et qui éviteront par conséquent l'embarras de changer leurs fraisières de place tous les 2 ou 3 ans. Après avoir fait labourer et fumer, en cas de besoin, le terrain choisi, on y trace des lignes de 1 mètre 30 centimètres de distance entre elles. (Je parle ici des fraisiers à gros fruit qui nous occupent principalement, car les *Quatre-Saisons* seront mieux cultivés en planches.) On choisit en juillet une journée sombre ou pluvieuse pour aller chercher à la pépinière (où des filets provenant des porte-coulants ont été repiqués en juin), un certain nombre de plants qu'on lève avec la truelle en leur laissant une petite motte. On les transporte avec précaution à la fraisière où ils sont plantés d'une manière définitive à 50 centimètres sur la ligne. On leur donne immédiatement un bon arrosement *avec la pomme sur toute la ligne*; on retourne à la pépinière et on plante d'autres filets jusqu'à ce que le terrain soit emblavé.

Bien que le soleil soit très-puissant à cette époque de l'année, on ne donne point d'ombre à ces fraisiers. S'ils fanent un peu, il vaudrait mieux les arroser dans les premiers jours, 2, 3 ou 4 fois, et les fraisiers n'en deviendront que plus robustes.

Ils passeront l'hiver sans crainte et donneront l'été suivant une récolte complète de beaux et excellents fruits, après avoir, bien entendu, été entourés des soins indiqués dans les pages précédentes.

On me demandera si l'on peut utiliser l'espace entre les lignes ? Je réponds : « Mieux vaudrait s'en dispenser ; » car non-seulement la terre ne pourrait pas être nettoyée et binée convenablement, mais en outre elle serait épuisée au détriment des fraisiers qu'on y plantera l'année suivante. La récolte terminée, détruisez les plantes et tracez de nouvelles lignes entre les anciennes, que vous replanterez de nouveau comme les précédentes.

Faites bêcher les anciennes lignes et enterrez-y du fumier, et alternez ainsi tous les ans vos plantations dans le même carré, et vous serez émerveillé des magnifiques produits que ce mode de culture vous donnera !

Culture sur ados

Ayant souvent reconnu que des fraisiers cultivés sur *ados* mûrissent leurs fruits plus tôt et qu'ils deviennent ainsi plus beaux et meilleurs qu'en terre plate, surtout en sol froid et compact, je crois devoir recommander le système suivant, qui pourra être employé d'après la même manière que celle recommandée dans le paragraphe *Culture bisannuelle en lignes*, les travaux préparatoires étant les mêmes, à l'exception toutefois des *ados*.

A cet effet, on enlève la terre dans le carré à 1 mètre 33 centimètres de distance en distance, sur une profondeur de 33 centimètres environ et d'autant de largeur; on place dans la tranchée environ 15 centimètres de fumier à moitié consommé ou des feuilles mortes *bien foulées*, et on y remet la terre que l'on a précédemment retirée, après quoi on donne un coup de râteau pour égaliser et arrondir les *ados*, et on tend le cordeau pour tracer les lignes. Lorsque la terre s'est *tassée* convenablement, on procède à la plantation, qui doit être faite en tous points semblable à la manière déjà indiquée. La plantation terminée, on place quatre briques sur champ autour de chaque fraisier (*fig. 4*), de sorte que les bords des briques se trouvent très-peu élevés au-dessus de la terre.

Au printemps suivant, on garnit les *ados* et tout autour des fraisiers avec un bon paillis de tan ou de paille menue, pour s'épargner la peine d'arroser souvent. De cette façon, les fraisiers conservent leurs racines pendant la grande humidité de l'hiver parfaitement saines, et lorsque les chaleurs arrivent, l'encaissement des briques et le paillis éviteront pour ainsi dire totalement la peine d'arroser.

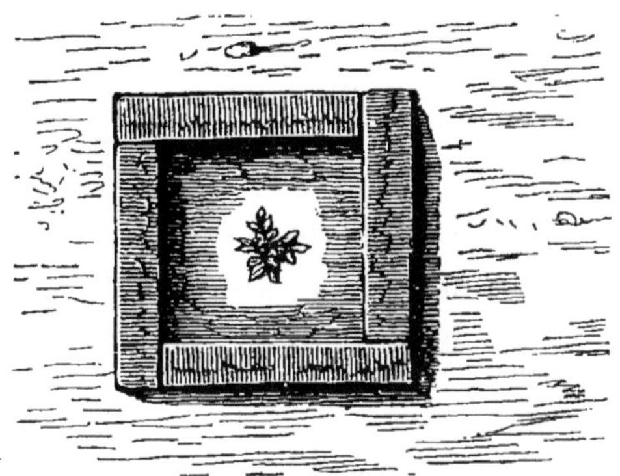

Fig. 4. — Plantation sur ados entourée de briques.

Une plantation ainsi faite offre une jolie apparence et donne des résultats extraordinaires, sous le rapport de la beauté du fruit, qui récompenseront largement du travail supplémentaire.

Pépinière et porte-coulants

Pour être à même d'avoir sous la main le plant nécessaire à une bonne plantation, ayez dans un endroit bien exposé une ou plusieurs planches, où vous planterez sur des lignes espacées entre elles au moins de 1 mètre 30 centimètres de jeunes pieds des variétés que vous voulez multiplier et que vous aurez reçues des fraisiéristes.

Donnez des binages à propos pour tenir la terre purgée d'herbes, et supprimez les fleurs qui se montreront au printemps. Les coulants ne tarderont pas à paraître, et avant qu'ils aient émis des racines, prenez des godets de 6 à 8 centimètres, emplis de bonne terre mélangée avec du terreau et *bien tassée*, enterrez-les autour des pieds mères, et posez dans le milieu de chacun un seul filet (rosette) que vous maintenez soit avec un petit crochet, soit avec une pierre, afin qu'il ne puisse être déplacé. Arrosez de suite et répétez en cas de sécheresse. Au bout de quinze jours à trois semaines les *parois* des godets seront garnies de racines. C'est le moment de sevrer les coulants de la mère, après quoi il faut les visiter tous les jours pour les arroser en cas de besoin.

Aussitôt que vous voyez que le sevrage ne fait plus faner les jeunes plants, dépotez-les et mettez-les à leur place définitive, et dans le cas où celle-ci n'aurait pas encore été préparée, mettez-les en motte à la pépinière, d'où ils pourront être enlevés sans crainte pour être transplantés au moment opportun. Si vous voulez hâter de ces pieds *en pots*, vous les rempotez de suite des godets dans les pots où ils devront fructifier. (Voir le chapitre CULTURE HATÉE, p. 47.)

Dans le cas où un grand nombre de filets serait

nécessaire, soit pour faire des plantations en pleine terre, soit pour la culture hâtée, on peut s'éviter la peine de les faire enraciner en godets, mais alors il faut choisir un temps pluvieux pour enlever les coulants et les repiquer en pépinière à 10 centimètres les uns des autres.

Les filets ainsi repiqués, exigent une assez grande surveillance et des arrosements fréquents en cas de chaleur et de sécheresse. Il serait même bon de les couvrir chacun avec un pot renversé pendant la plus forte chaleur de la journée. J'oubliais d'ajouter qu'il sera bon de supprimer les coulants secondaires qui se montreraient *à la suite de ceux enracinés en godets*, ce qui facilite la transplantation, bien qu'il ne faille pas croire que les seconds, troisièmes et autres filets aient moins de valeur que le premier sorti de la plante mère. Pour repiquer dans la pépinière, on peut donc les utiliser tous.

Engrais et amendements

Répétant ce que j'ai dit déjà sur ce sujet, il est essentiel que tous les engrais à employer dans une fraisière soient au moins à demi consommés lorsque l'on veut les enterrer. Les fumiers de vache et de porc conviennent surtout aux terres sèches et chaudes; cependant ce genre de sol s'accommode bien de tous les fumiers indistinctement, tandis que dans les terrains compactes et froids, les fumiers de cheval, de lapins, de volailles ou de mouton seraient préférables.

L'engrais humain à l'état de poudrette, ou mélangé avec du poussier de charbon de bois est aussi très précieux, mais à l'état pur il doit être employé avec précaution.

Les cendres de bois, de tourbe, d'os et de houille, ainsi que la suie, rendent également de grands services ; on s'en sert de préférence pour saupoudrer les fraisières au printemps et à l'automne par un temps pluvieux.

Le guano à l'état liquide est très-bon, mais on doit se garder d'en user à l'état sec, car il brûlerait les racines tendres. Le terreau de feuilles, la terre de bruyère et enfin tous les détritus de jardin et de ménage, restés en tas pendant un an et retournés quelquefois, ne sont point à dédaigner.

Insectes nuisibles

En première ligne je dois citer ici le ver blanc (man, turc) ou larve du hanneton commun, qui fait des ravages épouvantables parmi les fraisiers, dans certaines années et surtout dans les terrains légers et secs.

Malheureusement, lorsqu'on s'aperçoit de sa présence, le mal est fait, et la plante attaquée est perdue sans remède. Beaucoup de choses ont été essayées pour se débarrasser de cet affreux ennemi, mais toutes sans succès. Les uns plantent de la salade dans le voisinage des fraisiers, mais j'ai constaté souvent que les vers blancs laissaient les salades pour dévorer de préférence les racines des fraisiers.

D'autres ont engagé les cultivateurs à tolérer les taupes ; mais ce n'est, à mon avis, qu'une tribulation à ajouter à l'autre, car jamais leur présence ne m'a paru agir sur la diminution des vers blancs. Il y a un an environ, l'idée me vint d'essayer la fleur de soufre, et comme j'ai lieu d'être satisfait du résultat, je n'hésite pas à rendre public le procédé employé.

Un carré de mon jardin ayant été particulièrement ravagé pendant l'été de 1863, la seconde année de la vie de la larve, je me proposai de le faire défoncer pour retirer le plus grand nombre de celle-ci ; malheureusement ce travail ne put être exécuté, à cause de l'extrême sécheresse, qu'en novembre, lorsque les vers blancs étaient déjà descendus dans leurs quartiers d'hivers.

Le labour et la fumure faits, je me disposai à replanter, en février 1864, mon carré avec de nouveaux fraisiers. Avant d'y procéder, je fis répandre sur *la moitié* du carré une couche mince de fleur de soufre, qui fut ensuite enterrée au moyen d'une fourche.

L'autre moitié ne subissait point cette opération, et je plantai, à la fin du mois, mes fraisiers dans le carré entier. Au mois d'avril, lorsque les vers blancs remontèrent à la surface et qu'ils eurent atteint le maximum de leur développement, je fus agréablement surpris de voir que la moitié du carré, contenant du soufre, restait totalement épargnée, tandis que la partie non soufrée fut ravagée au bout de quinze jours. L'acide sulfureux aurait-il tué les larves, ou bien les aurait-il seulement chassées ? Je n'ai pu résoudre cette question par ce premier essai. Je me propose aussi d'essayer ce printemps, à la sortie des hannetons, quel effet la fleur de soufre, répandue sur la terre et les fraisiers, produira sur la ponte des femelles, et si elles n'en seraient pas également éloignées ? En attendant, je puis ajouter que les fraisiers, dans la partie soufrée de mon jardin, ont montré une végétation très-luxuriante, ce qui prouve que mon opération leur a été favorable sous tous les rapports.

Chenilles verte et grise. — Les fraisiers sont quelquefois, et surtout au premier printemps, attaqués par une petite chenille d'un beau vert, qui en dévore les jeunes feuilles avec une rapidité extrême ; on doit la chercher lorsque des feuilles dentelées accusent sa présence.

Une grosse chenille grise à peau extrêmement dure, et qui par sa couleur est très-difficile à trouver, attaque aussi les fraisiers entre deux terres. C'est la même que nous voyons souvent ronger le collet des salades et couper les jeunes choux entre deux terres.

Limacés. — Les limaces exercent souvent de grands ravages à l'approche de la maturité des fraises ; mais il est facile de s'en débarasser en plaçant de distance en distance, entre les fraisiers, des petits tas de *son* dont elles sont très-friandes et sur lesquels on les ramasse facilement le soir ou de grand matin.

Fourmi. — Autre ennemi dégoûtant qui s'attaque aux fraises mûres, et qui peut être détruit avec un peu de miel qu'on met dans des soucoupes placées sur leur passage. Une fois rassemblées, on verse de l'eau bouillante dessus. Je ne parle point des pucerons, qui n'existent que dans la culture forcée et seulement dans le cas où la ventilation a été défectueuse et qu'on a négligé de donner de l'air.

Quelques observations sur les fraises dites Capron

C'est la race si justement estimée par nos pères et presque exclusivement cultivée avant l'obtention ou l'introduction des nombreuses et magnifiques variétés de fraises de race américaine.

Elle a été à tort abandonnée par beaucoup de personnes, premièrement, parce que, disait-on, l'espèce avait dégénéré et ne produisait plus de fruits, ensuite parce que le fruit ne plaît pas à l'œil et possède un parfum très- particulier et très-prononcé.

Le capron est cependant aux autres fraises ce que le muscat est aux autres raisins.

Mon désir est de réhabiliter les capronniers auprès des nombreux amateurs de fraises; je vais donc indiquer les soins nécessaires pour en obtenir une abondante récolte, et des fruits dans toute leur perfection.

Tout le monde ne sait pas qu'il y a parmi les capronniers des pieds à sexes séparés, les uns à fleurs exclusivement mâles, les autres exclusivement femelles. Il y en a aussi à fleur hermaphrodite, dont je n'ai pas besoin de m'occuper ici.

Or, voici ce qui arrivait : on se procurait par-ci

par-là du plan de capron et souvent il s'y trouvait plus de mâles que de femelles; cependant la première année, les plantes femelles donnant une récolte passable, on n'y attachait point d'importance.

Après la récolte, les pieds mâles, d'autant plus vigoureux qu'ils n'avaient pas fructifié, émettaient des masses de coulants qui couvraient bientôt le sol. La seconde année, la plantation ne donnait presque plus rien, parce que les pieds mâles (stériles) l'avaient envahie, et, les années suivantes, à tel point que les pieds femelles avaient disparu, et qu'il n'y avait plus de récolte du tout.

Alors on disait: « Décidément nos fraisiers ont dégénéré, » et on les abandonnait.

Cela n'eût pas eu lieu, si l'on eût bien observé les pieds *mâles* et par conséquent stériles, et qu'on les eût tous arrachés après la floraison. Il est donc essentiel, en faisant une plantation de capronniers, de ne planter que des variétés à fleur femelle ou à fleur hermaphrodite, chez lesquelles une bonne récolte est toujours assurée. Des personnes prétendent à tort que, pour avoir des fraises sur les pieds femelles, il faut planter des pieds mâles dans le voisinage pour les féconder. Mais il n'y a pas plus de nécessité à cela qu'il n'y en a d'avoir un coq dans la basse-cour pour avoir des œufs.

Le seul inconvénient serait peut-être l'absence de *graines* (fruits des botanistes), mais le *réceptacle*, ou *ce que nous appelons fruit*, n'existerait pas moins.

Dans une culture abandonnée, les fraisiers capronniers ne donnent presque jamais que des fruits petits ou moyens, et le plus souvent peu colorés, ce qui probablement a contribué à les faire tomber en disgrâce. Plus qu'aucun autre fraisier, le capronnier aime l'humidité ; si donc le terrain n'était pas naturellement frais, il faudrait arroser copieusement, *particulièrement après la floraison*. Cette race ne se plaît pas non plus à une exposition chaude; mieux vaudrait le nord. Elle exige aussi moins d'engrais que les fraisiers en général, car dans une terre trop fumée les plantes pousseraient trop en feuilles, au détriment des fruits.

Les insectes, et particulièrement les limaces, sont très-friands des caprons; il importe donc beaucoup, pour avoir des fruits parfaits et bien colorés (*époque ou seulement ils auront toute leur richesse et tout leur parfum*), de tuteurer les hampes fruitières avant que les fruits commencent à se colorer.

Les personnes qui auront mangé les caprons en parfaite maturité et cultivés d'après mes conseils ne regretteront point de leur avoir prodigué quelques petits soins. Les caprons sont délicieux, mangés seuls et assaisonnés selon le goût de chacun, meilleurs encore mélangés avec d'autres grosses fraises.

Ils font en outre d'excellentes confitures à cause de la fermeté de leur chair.

Multiplication et semis.

Multiplication. — Les fraisiers se multiplient de quatre manières :

Par coulant, par division ou éclat, par bouture, par semis.

La multiplication par *coulants* est indiquée dans le paragraphe *Pépinière et porte-coulants*; je n'y reviendrai donc plus. J'ajouterai seulement que, dans les jardins de petite dimension, où l'on manquerait de terrain pour établir une pépinière et une plantation de porte-coulants, on peut multiplier le nombre restreint de plant dont on aura besoin pour renouveler sa fraisière de la manière suivante :

On prendra les coulants lorsque les premières rosettes sont bien développées, et avant qu'elles aient formé le bourrelet d'où les racines doivent sortir. On les coupe et on les plante dans de petits godets remplis de bonne terre bien tassée et légèrement humide, dans laquelle on les maintient en pressant le cœur fortement sur le milieu du godet. Ensuite on les transporte dans un endroit situé au nord, et on les couvre avec des cloches. On donne de l'ombre pendant le grand soleil, et il est rare qu'il y ait nécessité d'arroser. Les rosettes formeront promptement des racines, et aussitôt qu'on verra celles-ci garnir les parois des godets, on habituera les plantes graduellement à l'air, et on arrosera selon le besoin. Au bout de quinze jours à trois semaines, les jeunes pieds seront bons à être mis en place, bien entendu avec leurs mottes.

Par division ou d'éclat de vieux pieds. — Ce genre de multiplication n'est guère en usage que pour les fraisiers Quatre-Saisons sans filets; cependant, si l'on est à court de plant, ou si l'on a des variétés rares et précieuses qu'on tient à multiplier autant que possible, on divise les vieux pieds après la récolte, on raccourcit la partie ligneuse des racines, on supprime les vieilles feuilles et on repique en pépinière à l'air libre.

Bientôt de jeunes racines se développeront sur le collet et la plante sera faite. Je dois observer, toutefois, que les pieds de fraisiers des grosses espèces obtenus par ce procédé font rarement des sujets aussi beaux et aussi vigoureux que ceux provenant de coulants.

Par bouture des hampes fruitières. — C'est une autre manière de multiplier les espèces rares ou précieuses et celles qui donnent peu de coulants.

On prépare les boutures ainsi que nous le démontrons figure 5.

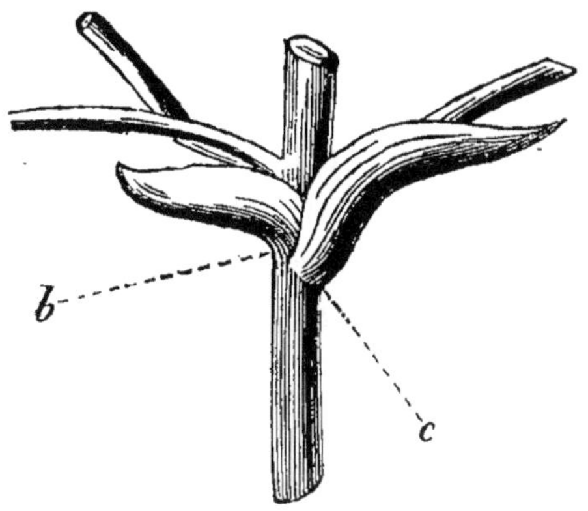

Fig. 5. — Bouture.

b. Point d'où sort le bourgeon.
c. Point d'où sortent les racines.

On les repique sous cloche à l'étouffée, on ombre, et au bout d'un temps plus ou moins long on obtient une nouvelle plante qui sera traitée ensuite comme les autres, et qui souvent produira des fruits et de nouveaux filets dès l'automne de la même année. C'est, du reste, un procédé plutôt curieux que profitable.

Par semis. — Il n'y a que la race des fraises Quatre-Saisons qui se reproduit d'une manière à peu près identique de graines, tandis que les espèces et variétés à gros fruit, surtout celles de race américaine, varient à l'infini et ne reproduisent jamais le type d'où elles sont issues. Aussi a-t-on recours au semis pour gagner de nouvelles variétés, et c'est un passe-temps très-amusant bien qu'il ne faille point se faire illusion sur le résultat; car il arrive souvent qu'après avoir semé et soigné des centaines de pieds de semis pendant plusieurs années on n'en découvre pas un seul digne d'être conservé.

Quelquefois cependant il arrive qu'on obtient dans le nombre un ou plusieurs gains supérieurs et distincts des variétés connues, et c'est vers ce but que les efforts des semeurs doivent être dirigés.

On cherche depuis fort longtemps, et en vain, une grosse fraise franchement remontante, ou à défaut des variétés plus tardives que celles qui existent!

L'obtention d'une variété à gros fruit produisant perpétuellement comme le fraisier des Quatre-Saisons a été par moi-même jugée presque impossible, cependant j'ai lieu de croire d'être parvenu à l'obtenir. Dans le courant de cette année je pourrai me prononcer définitivement sur ce sujet.

Les graines de fraises conservent rarement leur faculté germinative au delà d'une année; c'est ce qui fait qu'il y a des semeurs qui les sèment aussitôt le fruit récolté, c'est-à-dire en juin ou juillet.

Il est vrai qu'alors la graine lève promptement ; mais l'espace qui nous sépare de l'hiver est trop court pour que les jeunes plantes puissent se développer assez pour résister aux intempéries de la mauvaise saison, et si l'on voulait les hiverner en les repiquant sous châssis, on se créerait des soucis et des peines à l'infini, *sans pour cela avancer l'époque de la fructification !*

A mon avis, il vaut infiniment mieux, après avoir extrait les graines de la pulpe des fruits destinés au semis, les conserver dans des sacs de papier dans un endroit sec jusqu'après l'hiver, et ne les semer qu'à la fin de février.

Choix des porte-graines. — Souvent on a obtenu de beaux gains de graines récoltées au hasard sur des fruit choisis; mais le hasard ne perfectionne pas les races, les types. Je recommande donc de procéder méthodiquement et de féconder artificiellement. Pour mère, il faut prendre la variété la plus rustique, la plus fertile, mais dont les fruits laissent peut-être à désirer sous le rapport de la qualité, et se servir du pollen des variétés remarquables par leur qualité, quand même les fruits de celles-ci ne seraient pas très-gros, ni la plante d'une rusticité suffisante. J'arrive au moment de semer, fin de février. On emplit des terrines en nombre nécessaire avec de la terre de bruyère bien émiettée, mais *non tamisée*, mélangée avec un peu de poussier de charbon de bois, et après avoir placé des tessons au fond pour servir de drainage.

On égalise la terre en la pressant dans la terrine, on arrose et on répand la graine aussi régulièrement que possible. Ensuite on la presse avec la main et on la recouvre avec un peu de suie et du poussier de charbon bien fin, et par-dessus on répand un peu de mousse sèche finement hachée, afin de favoriser la germination et d'empêcher le déplacement de la graine par les bassinages. On place les terrines *couvertes d'un morceau de verre* sous châssis et sur couche, à la température de 12 à 15 degrés centigrades; on a soin de ne jamais laisser sécher la surface des terrines; on ombre pendant le jour si le soleil est chaud.

Au bout de quinze jours à trois semaines, beaucoup de jeunes plantes paraîtront; c'est le moment d'enlever avec précaution la mousse, et de les habituer graduellement à l'air; mais on doit exercer une surveillance active afin de détruire les limaces qui pourront se trouver dans la bâche ou s'y introduire, car elles pourraient compromettre en une seule nuit toutes nos espérances. Afin de mieux garantir les jeunes fraisiers, on pourra de temps en temps les saupoudrer légèrement avec de la suie très-fine et répéter cette opération après chaque bassinage.

Lorsque les petits fraisiers auront deux feuilles, outre les cotylédons, on leur donnera un peu plus d'air, et aussitôt qu'ils se toucheront on les repiquera un à un dans de petits godets après avoir raccourci un peu les racines afin d'augmenter le chevelu; pour cela on préparera un bon compost, moitié bonne terre franche, moitié de terreau de vieilles couches, et on y ajoutera un peu de sable fin de rivière et un peu de poussier de charbon. On replacera les godets sous châssis froid et on étouffera, pendant quelques jours, pour faciliter la reprise; celle-ci opérée, on donnera de l'air graduellement, et aussitôt le beau temps arrivé, je suppose en mai, on retirera les châssis tout à fait.

A cette époque les jeunes fraisiers seront de jolies plantes bien trapues, et on les transplantera en motte à la place où ils devront fructifier. On leur donnera les mêmes soins qu'aux autres plantations; on effilera sévèrement, et à l'entrée de l'hiver ce seront des plantes d'une force suffisante pour résister aux intempéries de la saison. — L'année suivante, on aura la satisfaction d'en voir fleurir le plus grand nombre. On les visitera souvent et on remarquera ceux des pieds qui donnent quelque espérance par leur première fructification, mais *on se gardera bien de juger une fraise de semis la première année*, car souvent ses qualités générales se modifient d'une manière notable la seconde année ; lorsque les pieds ont atteint tout leur développement.

Les semis de fraises des *Quatre-Saisons* peuvent être faits à la fin de mars et *à l'air libre* sur planche terreautée.

Aussitôt que le jeune plant a quatre feuilles outre les cotylédons, on le repique très-près l'un de l'autre en pépinière; on sarcle et on arrose souvent. Six semaines après on lui fait subir un second repiquage à la place où il doit fructifier, et on supprime tous les individus qui ne montreraient point de fleurs la même année, et qui par cette raison sont considérés comme dégénérés.

CULTURE HATÉE

Je m'abstiendrai de parler de la culture *forcée* proprement dite, car je ne pourrais que répéter ce qui a été dit d'une manière si claire et si complète sur ce sujet par M. le comte Léonce de Lambertye, dans son remarquable *Traité de culture forcée par le thermosiphon des fruits et légumes de primeur*, livraison du FRAISIER (1).

D'ailleurs, le livre que je fais étant principalement destiné à l'usage des personnes qui s'occupent personnellement de leur jardin, et aux jardiniers de profession, je crois devoir ne parler que des procédés les plus simples et les plus faciles à exécuter.

Tout le monde sait avec quelle joie nous saluons, après un long hiver, l'apparition des premières fraises; car, outre qu'elles font plaisir à l'œil et au

(1) Brochure in-8, *franco*, 1 fr. 25 c. — Auguste GOIN, éditeur, rue de Écoles, 82.

palais, elles sont les messagers du retour du printemps. Il est vrai que les premières fraises que nous admirons déjà avant le printemps chez quelques rares marchands de primeurs coûtent fort cher, mais pas trop cher en proportion de la peine et des frais qu'elles ont occasionnés à leur producteur ; ce sont donc des primeurs uniquement destinées aux bourses privilégiées.

Cependant, avec moins d'exigence, il est très-facile et peu coûteux de se procurer de belles fraises (à coup sûr plus belles et *surtout meilleures* que celles provenant de la culture *forcée*), un mois avant que la récolte de pleine terre commence, et c'est la manière d'y parvenir que je vais développer dans les lignes suivantes.

Il n'y a point de jardin, si modeste qu'il soit, dont le propriétaire ou le locataire ne possède quelques coffres à châssis, qu'il serait désireux d'occuper d'une manière agréable et utile à la fois. Je dis agréable, car il n'existe pas d'occupation plus intéressante dans le jardinage que la culture des fraisiers sous châssis à partir de la fin de janvier.

Préparation du plant destiné à cette culture

Je suppose qu'on possède déjà quelques fraisiers

devant servir de porte-coulants; dans le cas contraire, il faudrait s'en procurer chez un fraisiériste consciencieux, et les demander en septembre, en sujets assez forts pour pouvoir en attendre un bon résultat.

Si l'on peut élever le plant chez soi, cela vaut mieux, et dans ce cas on utilisera les premiers coulants aussitôt qu'ils *commencent* à montrer des racines. On les repiquera en pépinière dans une planche préparée à cet effet, on arrosera souvent, on ombrera pendant la plus forte chaleur de la journée, au moyen de pots renversés sur les filets jusqu'à la reprise. On tiendra le terrain purgé de mauvaises herbes, on binera quelquefois, on supprimera les filets qui se montreront, et on arrosera aussi souvent que le temps l'exigera. Ainsi traité, le jeune plant prendra promptement de la force; au bout d'un mois à six semaines il sera assez fort pour subir un second repiquage. Cette fois on le lèvera en motte et on rafraîchira avec la serpette les racines trop longues. On le plantera ensuite à quinze centimètres de distance, en arrosant de suite et selon le besoin, et en continuant les soins précédemment indiqués pour le premier repiquage, excepté toutefois l'ombrage, car la plantation en motte rendra cette opération superflue, tandis que maintenant le grand soleil fera le plus grand bien au plant.

De temps à autre on arrosera avec de l'engrais

liquide, ou du guano dissous dans beaucoup d'eau.

Au mois d'octobre, les fraisiers seront arrivés au degré de force nécessaire pour produire au printemps suivant une abondante récolte, et ils supporteront impunément l'hiver le plus rigoureux.

Établissement d'une couche

Vers la fin de janvier, on établit une couche moitié fumier de cheval, moitié feuilles, d'environ 80 centimètres de hauteur, de 2 mètres de largeur et d'une longueur proportionnée au nombre de châssis qu'on tient à sa disposition, et qui ont, je suppose, 1 mètre 30 centimètres carrés. On charge cette couche de 20 centimètres de bonne terre franche bien mélangée avec un tiers de bon terreau de vieilles couches, et on y pose les coffres, couverts de leurs châssis ; il est à observer que la distance entre la terre et les châssis doit être de 15 centimètres. Nous donnons ci-après (*fig. 6*) le profil d'une couche pour la culture hâtée.

Aussitôt que la couche a jeté son feu, on procède à la plantation. On lève les fraisiers préparés en vue de cette destination, avec une bonne motte, et on les transplante avec précaution dans la terre de la couche, dont chaque châssis ne doit recevoir que quatorze fraisiers, en quatre rangs et en quinconce. On arrose avec la pomme de l'arrosoir, on couvre la terre autour des fraisiers d'un bon paillis, ensuite on remet les châssis. Si le temps est froid, on couvre la nuit avec des paillassons, et toutes les fois qu'il y a du soleil on donne de l'air, ayant soin de baisser les châssis avant que les rayons solaires aient disparu de l'horizon. S'il y avait encore

Fig. 6. — Couche pour la culture hâtée.

a. Couche.
b, b. Réchauds.
c. Planches pour maintenir la couche.
d. Bâche.
e. Terre avec les fraisiers plantés.
f. Sol du jardin.

des fortes gelées, on garnirait le tour des coffres et jusqu'aux bords, avec du fumier neuf, pour maintenir une douce température.

A partir de ce moment, tous les soins se bornent à esherber et à bassiner le soir après une journée claire, mais avec de l'eau tiède pour ne pas nuire à la végétation. On *arrose* seulement aux pieds, lorsqu'en enfonçant le doigt dans la couche on trouve la terre sèche.

D'ailleurs, les fraisiers plantés ainsi sans pots exigent moins d'arrosements, et par conséquent évitent beaucoup de peine.

Lorsque les fleurs commencent à se montrer, on donnera le plus d'air possible (point essentiel) et des bassinages avec de l'eau tiède, avant de baisser les châssis.

Contrairement à l'opinion de beaucoup de monde, je ne crois pas que de légers bassinages avec un arrosoir à pomme très-fine, pendant la floraison, puissent être nuisibles, car combien de fois ne voyons nous pas en avril, au moment de la floraison de nos fraisiers de pleine terre, des pluies fréquentes, sans que la fructification en soit compromise. La nature a bien fait ce qu'elle a fait, imitons-la donc autant qu'il dépend de nous. Lorsque les fruits sont noués, on visite les fraisiers avec soin, et si l'on tient plutôt à la grosseur qu'au nombre, on supprime sur chaque hampe quelques-uns des derniers fruits noués. Maintenant, il importe de concentrer la chaleur autant que possible, et on ne donnera de l'air que lorsque la température extérieure est très-chaude, et si le soleil est trop vif, on ombrera pendant quelques heures, de 11 à 3 heures. C'est, du reste, le moment d'arroser plus souvent pour aider au développement des fruits, mais toujours avec de *l'eau bien claire*, et plutôt aux pieds et sans la pomme de l'arrosoir. On cesse de mouiller et surtout de bassiner au moment où les fruits se colorent, et on donne le plus d'air possible dans l'intérêt du parfum et du coloris. Il serait bon aussi, et malgré le paillis, de piquer des petits tuteurs fourchus autour des pieds pour soutenir les fruits, ce qui leur fera le plus grand bien et permet de les laisser mûrir à point avant de les cueillir.

Insectes nuisibles

Dans la culture hâtée, il n'y a guère d'insectes à craindre, sauf les fourmis et les limaces. On se débarrassera facilement des premières en posant une éponge imbibée d'eau miellée dans le coffre, et lorsqu'on y voit des fourmis réunies, on la jettera dans de l'eau bouillante et on la replacera au même endroit jusqu'à ce qu'il n'y en ait plus.

Pour attirer les limaces, on placera de distance en distance, sur des morceaux de bois plats, de petits tas de *son*, dont elles sont très-friandes. On visite soir et matin, et on enlève facilement l'ennemi.

Variétés propres à la culture hâtée

L'expérience m'a démontré que beaucoup de nos plus belles variétés sont rebelles à la culture forcée, ou bien y produisent fort peu de fruits, de sorte que beaucoup de personnes ont l'habitude de se tenir plutôt aux variétés très-hâtives, mais qui laissent plus ou moins à désirer sous le rapport de la qualité, telles que la *Princesse Royale*, la *Comtesse de Marnes* et autres. Il n'y a pas de raison de se servir de ces variétés en culture *hâtée*, et je recommande les suivantes, pouvant en toute assurance être employées. Elles y donnent des fruits au moins aussi beaux et bons qu'en pleine terre, et plusieurs entre elles auront en outre le grand avantage de supporter le transport à cause de leur chair ferme et de leurs graines saillantes.

* Président, — * Sir Joseph Paxton, — Premier, — Globe, — * la Fertile, — * Souvenir de Kieff, — Ambrosia, — Bicton White, — * Belle-de-Paris, —

* Carolina superba, — Duc de Malakoff, — * Empress Eugenia, — Eclipse (Reeve), — * Impériale, — * Jucunda, — * Royal Victoria, — * la Constante, — * Lucas, — * Grosse-Sucrée, — Marguerite, — * Oscar, — Prince impérial, — * Sir Charles Napier, — Sir Harry.

Celles marquées d'une * ont la chair très-ferme, ou les graines très-saillantes.

Culture hâtée en pots

Si l'on préfère, pour un motif quelconque, cultiver les fraisiers *en pots* d'après la manière indiquée, on peut placer vingt pots sous chaque châssis, car les fraisiers ne s'y développeront pas autant qu'en pleine terre de couche, et par conséquent pourront être plus rapprochés. On les enfoncera à moitié de leur hauteur dans la couche, et on les traitera, du reste, de même que les plantes en pleine terre sur couche. Il ne me reste plus, pour terminer ce chapitre, qu'à dire quelques mots sur la mise en pots. J'ai déjà démontré que les plantes préparées pour la culture hâtée doivent être arrivées à tout leur développement vers la fin d'octobre, car dans ce cas seul il faut compter sur une complète réussite. C'est aussi le moment de rempoter celles qu'on veut cultiver en pots.

On se sert de pots *neufs, ou à défaut bien lavés*, de 16 centimètres ; on pose quelques tessons au fond pour le drainage, un petit lit de mousse sèche dessus, et ensuite on saupoudre la mousse avec de la suie, qui empêchera les lombrics (vers de terre) de s'y introduire, et en outre fournira une précieuse nourriture aux racines des fraisiers. On relève les pieds de la pépinière avec une bonne motte proportionnée à la dimension des pots, on les y introduit, et ensuite on garnit le vide avec un bon compost, *ayant soin que les cœurs ne soient point couverts de terre.* On arrose et on place les pots dans un endroit aéré, où ils recevront le plus de soleil possible. Il est rare qu'on ait encore besoin de les arroser après. A la fin de novembre et avant que les fortes gelées arrivent, on les transporte à l'abri, soit dans une orangerie, soit dans un hangar où ils ne sont point exposés à la neige ou au verglas, jusqu'au moment où la culture hâtée doit commencer.

Après la récolte

La récolte terminée, on pourra utiliser ces fraisiers en les plantant en pleine terre en vue d'une très-belle récolte l'été suivant ; on pourra aussi s'en servir pour obtenir une petite seconde récolte à l'arrière-saison. (Voir le Calendrier, mois de juin.)

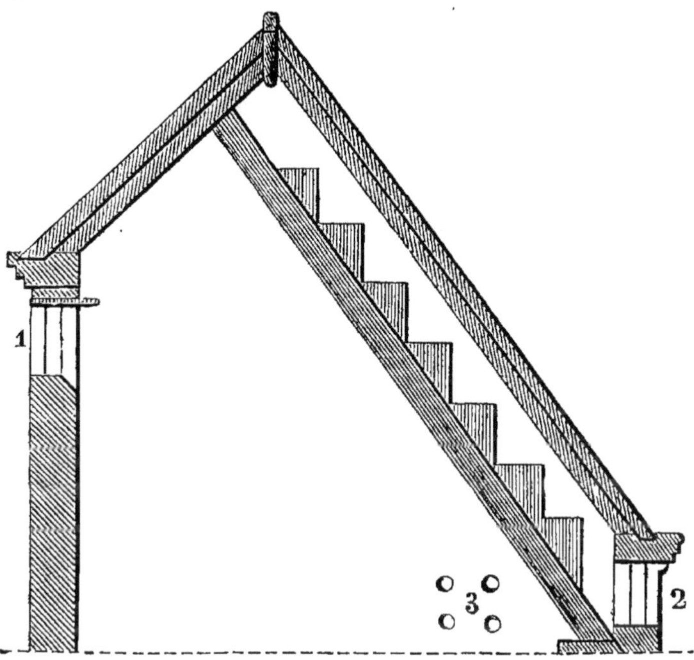

Fig. 7. — Serre à fraises pour la culture forcée,

A Enville-Hall, en Angleterre.

Hauteur jusqu'au sommet, 3 mètres 33 centimètres.

Longueur, 15 mètres 17 centimètres.

Largeur à l'intérieur, 3 mètres à 3 mètres 33 centimètres.

1 et 2 sont des ventilateurs en bois suspendus par des pivots au centre.

3, tuyaux de chauffage.

Les morceaux de bois diagonaux qui supportent les gradins

sont de la distance habituelle, afin de laisser l'espace suffisant pour arriver aux gradins par l'*intérieur* de la serre.

Il est à observer que tous les gradins sont à égale distance du vitrage et que la pente de celui-ci est telle que les plantes reçoivent la plus grande somme des rayons solaires pendant les premiers mois de l'année, lorsque des fraises forcées sont le plus recherchées.

Nous avons vu des récoltes miraculeuses obtenues dans cette serre, et nous croyons qu'aucune autre n'est aussi convenable pour cet objet; c'est ce qui nous engage d'en donner le dessin et la description.

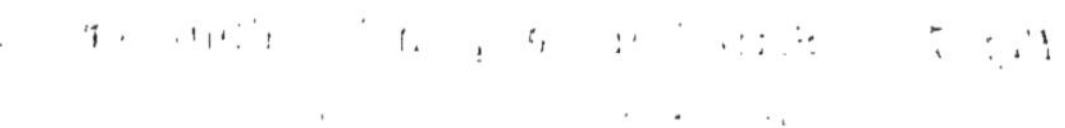

CALENDRIER

Janvier

Dans ce mois, il n'y a pas grand'chose à faire dans la culture de pleine terre, si ce n'est de détruire les vieux fraisiers qui ne doivent plus rapporter et qui ont été conservés jusqu'ici pour porte-coulants. *Il est expressément à recommander de ne jamais enterrer les vieux fraisiers* en labourant, car ils favoriseraient des développements cryptogamiques et nuiraient ainsi aux cultures futures. Ou on les fait mettre au tas de détritus de toutes sortes, ou mieux encore on les brûle sur place pour en répandre les *cendres* sur de nouvelles plantations de fraisiers, auxquelles elles font le plus grand bien.

On visite en cas de dégel les jeunes plantations de fraisiers, et si les gelées en avaient *déchaussé* les racines, on les enfoncerait de nouveau en serrant la terre fortement autour du collet. On commence à répandre du terreau, de la suie, des cendres, des boues de rue, ou toute autre chose indiquée dans le paragraphe *Engrais et amendements*, p. 31, sur les fraisiers qui doivent rapporter cette année ; *mais on leur laisse encore les vieilles feuilles,* qui sont très-utiles pour préserver les cœurs contre des gelées tardives.

A la fin du mois, on commence à préparer les couches pour la culture hâtée, selon les instructions données dans le chapitre CULTURE HATÉE, p. 47.

Dans ce mois, on doit s'abstenir de faire des plantations en pleine terre. Si on recevait du plant de loin, il serait de beaucoup préférable de le repiquer sous châssis à froid jusqu'au mois de mars, ou alors on le mettrait en place.

Février

Les fortes gelées étant passées maintenant, on s'occupe sérieusement de ses fraisiers.

Si des labours restent à faire, on les fait exécuter sans retard, et si la terre est suffisamment ressuyée et *tassée*, on peut commencer à planter, sans toutefois perdre de vue que des petites gelées qui pourraient encore arriver réclament une surveillance active.

On commence à nettoyer les plantations et on les bine légèrement ; cependant, on se gardera bien encore d'enlever les vieilles feuilles. On ne doit plus tarder de répandre du terreau ou du compost autour des pieds, car dans cette saison ils en retirent le plus grand profit. Si on était forcé de conserver des vieilles plantations pour une cause ou une autre, on en rechausserait les pieds avec de la terre neuve en les buttant légèrement. Par ce moyen, on obtiendrait encore une récolte passable, si les fraisiers étaient d'ailleurs en bon état de santé.

Aussitôt que les couches préparées à la fin du mois dernier ou au commencement de celui-ci seront en état, on procédera à la plantation des fraisiers pour la culture *hâtée* (voir ce chapitre, p. 50) et on les surveillera attentivement.

On commencera aussi à semer les graines de fraisiers à gros fruit qu'on aurait conservées à cet usage depuis l'été dernier. (Voir le paragraphe *Semis*, p. 41.)

Mars

Voici un des mois dans lesquels la culture des fraisiers demande la plus grande attention. C'est le moment de faire des plantations sur une grande échelle si on n'a pu les faire à l'automne. Les filets transplantés maintenant peuvent encore donner une petite récolte en juin ; si cependant on possède d'autres plantations faites dans de bonnes conditions en septembre ou octobre, on fera mieux de ne pas laisser fructifier les pieds qu'on plante maintenant pour en avoir des produits magnifiques l'année prochaine.

On continue à détruire l'herbe entre les fraisiers; on en enlève les vieilles feuilles de l'année dernière et on commence à s'occuper du paillis. (Voir ce paragraphe, p. 18.) En cas de sécheresse et pendant le hâle de mars, on fera bien d'arroser deux fois par semaine, le matin, avec du jus de fumier ou du guano à l'état liquide.

Les filets commenceront aussi vers la fin du mois à se montrer, et on les supprimera au fur et à mesure, tandis qu'on favorisera le développement des coulants qui naîtront sur les porte-coulants. On surveille le semis fait le mois précédent sous châssis et on l'esherbe. On sème des fraises des Quatre-Saisons en pleine terre si l'on prévoit avoir besoin de les renouveler par la voie du semis.

On surveille la culture hâtée en donnant beaucoup d'air pendant le jour, et surtout au moment de la floraison.

Avril

Les plantations de printemps devront être terminées vers la fin de ce mois, il serait même très-sage, et dans l'intérêt de la réussite ultérieure des fraisiers, d'en supprimer les fleurs sur ceux qui ont été plantés dans ce mois-ci.

Si le paillis n'a pas été fait le mois précédent, il est urgent de le faire maintenant; à la fin du mois on doit aussi placer les porte-fraises aux pieds que l'on veut soigner tout particulièrement. Si le paillis a été bien fait et à temps, on peut se dispenser d'arroser jusqu'à ce que les fleurs soient passées. Après cela des arrosements *copieux*, faits le *matin*, contribueront à faire grossir les fruits, mais ils doivent cesser à l'époque de la coloration.

Continuer à tenir le terrain purgé d'herbes, et supprimer les coulants sur les plantes qui doivent fructifier.

Dans la culture hâtée, les premiers fruits commenceront à mûrir vers la fin du mois.

On surveille les limaces et les fourmis qui se seraient introduites dans les coffres, et qui sont faciles à détruire par les moyens indiqués dans le paragraphe *Insectes nuisibles*, p. 32. Donner beaucoup d'air pendant le jour pour augmenter le parfum et le coloris des fraises.

Supprimer les fleurs des fraisiers Quatre-Saisons pour en avoir en plus grande abondance lorsque les grosses fraises ont cessé de donner.

Mai

Dans le cas où l'on veut encore planter des fraisiers dans ce mois, il est indispensable non-seulement de les arroser souvent, mais surtout d'en supprimer rigoureusement les fleurs, qui ne pourraient produire que des fruits chétifs et défectueux, tandis que l'avenir des plantes serait compromis.

Il va sans dire que la même observation a lieu par rapport aux coulants. Vers le milieu du mois, quelques variétés précoces et à bonne exposition commenceront à mûrir leurs fruits. On les cueille de préférence le matin avant que le soleil n'ait fait évaporer la rosée, et on les conserve dans un lieu frais jusqu'à l'heure des repas.

Les porte-coulants commenceront à donner des filets, et pour les faire enraciner promptement afin de s'en servir de bonne heure pour de nouvelles plantations, je recommande d'enterrer autour des porte-coulants des godets de 6 centimètres remplis de bonne terre mélangée avec du terreau, sur le milieu desquels on fixera la rosette au moyen d'un petit crochet en bois ou en fil de fer, et l'on arrose.

On pince les coulants secondaires qui naissent successivement du premier, afin de concentrer toute la force dans celui-ci. Au bout de quinze jours à trois semaines, si les godets ont été bassinés au moins une fois par jour, les parois sont garnies de racines, et alors on sevrera les filets des pieds mères. Les plantes ainsi préparées seront ensuite déposées en mottes dans un endroit aéré et dans une bonne terre préalablement préparée à cet effet, où elles pourront rester sans inconvénient jusqu'au moment de s'en servir, soit pour plantations en pleine terre, soit pour être mises en pots pour être forcées ou soumises à la culture hâtée.

Les arrosements et le nettoyage d'herbes ne doivent pas être négligés dans cette sorte de pépinière, et tous les filets que ces fraisiers émettront dans le courant de l'été seront sévèrement supprimés. C'est le moyen de se procurer des plantes fortes et vigoureuses résistant aux plus durs hivers et promettant pour l'année suivante abondance de fraises atteignant le maximum de leur beauté.

Juin

Les fraisiers *hâtés* finissent leurs produits au

commencement du mois. On peut les utiliser en les plantant en pleine terre après avoir écrasé un peu la motte et supprimé une partie des racines, et l'année suivante ils donneront une très-belle récolte, pourvu qu'ils aient reçu tous les soins nécessaires d'arrosement, nettoyage et effilage. On peut aussi en tirer un autre parti en plaçant ces fraisiers avec leurs pots au nord, les privant une quinzaine de jours d'arrosements, après quoi on enlèvera les vieilles feuilles; on binera autour de la plante en ajoutant de la terre neuve jusqu'au bord, et on arrosera selon le besoin, et de temps à autre, avec du jus de fumier ou de la colombine délayée dans beaucoup d'eau. De cette manière on obtiendra souvent une seconde récolte passable en août et septembre, époque où un plat de grosses fraises sera une grande rareté. Les pieds, ainsi traités, seront bons ensuite à être jetés.

C'est le moment où les fraisiers de pleine terre donnent en abondance. On continue à soigner les rosettes des porte-coulants ainsi qu'il a été dit le mois précédent. Il doit y en avoir maintenant un grand nombre, et pour éviter la peine de les faire enraciner tous en godets, on en repiquera la plus grande partie, et au fur et à mesure qu'ils font des racines, dans des planches destinées à cet usage.

Juillet

Continuation de la récolte, spécialement des variétés tardives et celles cultivées au nord.

Soins réitérés aux filets destinés aux nouvelles plantations.

Au fur et à mesure que les plantes ont terminé leur fructification, et dans le cas où elles doivent rester une autre année à la même place, on enlève le paillis non consommé, *surtout s'il a été fait avec du tan*; on donnera un binage, on couvre avec du fumier bien consommé et on arrose au besoin, car les plantes plus ou moins épuisées par une abondante récolte ont besoin de ces soins si l'on veut les conserver avec quelque chance de profit pour l'année suivante. Certaines personnes ont l'habitude de couper les *feuilles* des fraisiers après la récolte, mais c'est un système vicieux qui doit être abandonné.

Août

Les grosses fraises sont épuisées maintenant, excepté quelques-unes que nous récoltons sur les pieds hâtés au printemps et qui produisent une seconde récolte après avoir été traités selon mes indications du mois de juin.

Les fraisiers des Quatre-Saisons doivent donner en abondance dans ce mois, et il faut continuer de les arroser copieusement si l'on veut en jouir pendant tout l'automne.

Vers la fin du mois on commencera à faire ses commandes de plants si l'on n'en a pas chez soi, afin de les recevoir en septembre, et on prépare le terrain pour de nouvelles plantations.

On laboure profondément et on fume avec du fumier à moitié consommé pour avoir du terrain tout prêt à la plantation, car il faut bien se garder de planter de suite dans un sol fraîchement remué; il est nécessaire que la terre ait eu le temps de se tasser.

Les filets préparés en godets, ou bien ceux repiqués en pépinière en juin ou juillet, et destinés pour la pleine terre, sont maintenant bons à être mis à leur place définitive, et, comme ils sont en motte, on peut planter par n'importe quel temps pourvu qu'on arrose copieusement en cas de sécheresse.

Septembre

Voici le moment arrivé de faire les grandes

plantations, et celui aussi où l'on peut avec sécurité faire venir du plant de chez les fraisiéristes, soit qu'on en manque, soit qu'on veuille essayer de nouvelles variétés.

Les pieds plantés en juillet et août émettront pendant ce mois de nombreux coulants qu'il faudra supprimer rigoureusement. Sarcler la terre souvent afin de ne pas l'épuiser par de mauvaises herbes au détriment des fraisiers. Continuer les arrosements aux fraisiers des Quatre-Saisons pour ne pas ralentir leur fructification. Commencer à diviser les fraisiers sans filets pour bordures, ce qui doit être fait tous les deux ans, car autrement les pieds deviendraient trop touffus et ne produiraient plus de beaux fruits. Si cependant le temps était chaud et sec, différer l'opération jusqu'au mois prochain.

Si des fraisiers venus de loin étaient un peu fatigués ou fanés par le voyage, il serait bon, avant de les planter, de les plonger pendant quelques heures dans de l'eau, ce qui leur rendrait leur fraîcheur. Si quelques soins de plus n'effrayaient pas, on pourrait planter d'abord sous cloche ou sous châssis à froid, à l'étouffée, ce qui rendrait la reprise ultérieure plus certaine.

Octobre

Continuer des plantations sur une grande échelle, surtout dans les terrains légers et secs où les fraisiers auront encore le temps de reprendre racines avant l'arrivée des fortes gelées. C'est le bon moment d'empoter les pieds destinés à la culture forcée. Après cette opération, on place les pots dans une situation aérée et ouverte aux rayons solaires, et par un temps sec on bassine souvent. A la fin du mois on ne peut plus guère compter sur les fraises des Quatre-Saisons, lesquelles d'ailleurs, par les nuits longues et fraîches, n'acquièrent plus de parfum, à moins qu'on ait des châssis à sa disposition pour couvrir les planches.

Novembre

Si dans ce mois on avait encore des plantations à faire, il faudrait agir avec précaution, car les gelées déracineraient quelquefois les jeunes fraisiers récemment plantés, en soulevant la terre, et si on ne les visitait pas après le dégel, pour les resserrer dans leur place, ils en souffriraient considérablement. Le plant tiré de loin doit maintenant être repiqué sous châssis à froid, pour n'être mis en place qu'en février ou mars. Si dans ce mois de fortes pluies survenaient, il serait prudent de coucher sur le côté les pots destinés à être forcés, pour empêcher la terre de se saturer d'humidité.

Dans le cas où on aurait des coffres disponibles, on y pose les pots à la fin de ce mois et on tient les châssis baissés jusqu'au moment où le forçage doit commencer. — En laissant les pots à l'injure du temps pendant cette saison, on s'exposerait non-seulement à les faire casser, mais, ce qui est pis, à ce que les *cœurs* des fraisiers soient endommagés par des faux dégels ou de la neige, *inconvénients qui n'existent point pour la culture de pleine terre !*

Décembre

Si le temps le permet, faites labourer grossièrement et fumer le terrain destiné aux plantations printanières, afin que les gelées, en le pénétrant, y exercent leur influence bienfaisante. Détruisez les vieilles plantations épuisées, en brûlant les racines dont la cendre servira pour être répandue sur les fraisières en rapport. Faites retourner le tas de compost devant servir à la culture hâtée en janvier, et préparez-en de nouveaux avec toute sorte de détritus de jardin, tels que : feuilles, râclures des allées, cendres de bois, de tourbe ou de houille, suie, et jetez-y aussi les eaux de cuisine. Dans ce mois, il vaut mieux s'abstenir complétement de planter en pleine terre

LISTE DESCRIPTIVE

DES BONNES FRAISES

Possédant toutes les qualités désirables à titres divers

L'ÉLITE DE CE QUI A ÉTÉ OBTENU JUSQU'A CE JOUR

Variétés de race américaine

Ananas ou anglaises, chiliennes et écarlates

Admiral Dundas (Myatt).

Fruit très-gros, souvent énorme, de forme variable, les plus gros et les premiers en crête de coq, les suivants en cône allongé, quelquefois aplati; couleur rose orangé; chair rose, ferme; graines saillantes; goût bon pour une aussi grosse fraise.

Plante rustique et très-fertile la deuxième année de plantation; maturité tardive et prolongée.

Obtenue en 1854 par M. Myatt, jardinier-maraîcher à Deptford, près Londres, introduite en France par nous en 1855.

Ce fraisier est indispensable dans une collection de choix.

Ambrosia (Nicholson).

Fruit gros, de forme ronde ou ovale, rouge foncé vernissé; graines enfoncées dans les alvéoles; chair vermillon à la circonférence, blanche au centre, pleine, très-juteuse, très-sucrée, parfumée, excellente, avec un goût très-prononcé de mûre.

Plante très-vigoureuse et rustique, fertile, demi-hâtive, propre à la culture forcée.

Obtenue par M. Nicholson à Egglescliffe, en Angleterre, en 1856 et introduite en France par nous la même année.

Ananas Lecoq.

Fruit gros ou très-gros, de forme variable; couleur rouge vif; chair pleine, rose, sucrée, et dans les années chaudes, ou sous verre, avec un parfum très-prononcé de l'ananas.

Plante très-vigoureuse et rustique, et d'une grande fertilité; maturité tardive.

Obtenue il y a une dizaine d'années par Lecoq, jardinier à Angers.

Barnes large white ; synonyme : *Bicton white Pine.*

Fruit gros ou très-gros, de forme ronde ou aplatie, quelquefois en crête de coq ; de couleur d'un blanc ambré ; graines roses, saillantes ; chair d'un blanc diaphane, creuse, juteuse, acidulée, sucrée, parfumée, très-bonne.

Plante vigoureuse et fertile, de maturité moyenne.

Obtenue en 1847 par Barnes, jardinier de lady Rolle, à Bicton, en Angleterre, connue en France en 1849.

C'est la meilleure fraise à fruit blanc et un joli ornement du dessert.

Belle-de-Paris (Bossin).

Fruit gros et très-gros, de forme conique ; couleur rouge vif ; graines petites et saillantes ; chair vermillon à la circonférence, blanche au centre, ferme, sucrée, sans acidité, saveur relevée.

Plante très-vigoureuse, très-rustique, extrêmement fertile, tardive. Bonne à forcer en seconde saison.

Cette variété, dont l'origine est inconnue, a été mise au commerce en 1851 par la maison Bossin.

Bijou (de Jonghe).

Fruit moyen ou gros, de forme ovale ou conique; conformation toujours régulière, couleur rose vif luisant, graines jaunes très-saillantes, placées dans un ordre symétrique parfait; chair d'un blanc mat, ferme, pleine, sucrée, relevée; maturité tardive.

Plante d'une croissance trapue, avec des pédoncules fermes, rustique, mais donnant peu de coulants.

Obtenue en 1859 par M. de Jonghe, introduite en France par nous en 1862.

Bonté de Saint-Julien (Carré).

Fruit de grosseur moyenne, de forme régulière, arrondie ou conique; vermillon; graines peu enfoncées; chair rose, pleine, sucrée et parfumée. Bonne.

Plante naine, vigoureuse, rustique, excessivement fertile. Maturité prolongée.

Obtenue en 1857 par M. Carré, horticulteur à Troyes.

British-Queen (Myatt).

Fruit gros, de forme irrégulière, souvent allongée en cône, aminci ou tronqué, quelquefois aplati ; rouge vermillon clair ; graines saillantes, chair blanche, pleine, ferme, beurrée, fondante, sucrée, délicieusement parfumée.

Plante assez vigoureuse et, lorsqu'un terrain lui convient, fertile ; maturité prolongée. Malheureusement la culture en a été abandonnée dans beaucoup d'endroits, parce que après une première récolte les feuilles jaunissent et occasionnent la mort de la plante. Peut-être réussira-t-elle mieux en culture bisannuelle ?

Obtenue en 1840 par M Myatt à Deptford et connue en France dès 1848.

British Sovereign (Stewart et Neilson).

Sous-variété de la précédente et qui m'a paru jusqu'ici moins difficile sur le terrain et le climat. Sous d'autres rapports, elle a beaucoup d'analogie avec la British-Queen.

Obtenue en 1859 par Stewart et Neilson, horticulteurs à Liscard, en Angleterre, et introduite en France par nous en 1861.

Carolina superba (Kitley).

Fruit gros, en cône obtus ou en cœur arrondi, à col, couleur rouge orangé ; graines saillantes ; chair entièrement blanche, pleine, beurrée fondante, très-sucrée, d'un parfum exquis.

Plante naine, rustique, tallant peu, fertile, de maturité moyenne. Bonne pour forcer en seconde saison. Ne devrait manquer dans aucun jardin.

Obtenue en 1854 par J. Kitley, jardinier à Bath, en Angleterre, et introduite en France par nous en 1855.

Châlonnaise (La) [Nicaise].

Fruit gros ou très-gros, conique ou allongé, aplati; rouge orangé vif; graines saillantes; chair blanche, pleine, juteuse, très-sucrée, parfumée. Excellente.

Plante vigoureuse, très-fertile, tardive, et se plaît de préférence à mi-soleil.

Obtenue à Châlons-sur-Marne en 1852, et répandue par le docteur Nicaise.

Chili blanc rosé.

Beau fruit gros ou très-gros, rond, quelquefois pointu au sommet ou plus large que long, blanc teinté de rose du côté du soleil; graines brunes, très-saillantes; chair à cavité centrale, blanche, juteuse, sucrée, bonne dans des terrains secs et chauds, médiocre dans les sols froids et compactes. Préfère la terre de bruyère et réussit bien en pots sous châssis.

Plante vigoureuse, assez fertile, de maturité très-tardive.

Beau fruit de dessert.

Figuré dans la *Revue horticole.*

Chili Orange (Souchet).

Fraise grosse, de jolie forme, ronde, quelquefois plus large que longue; couleur orange vernissé; graines saillantes; chair pleine, ferme, beurrée, blanc jaunâtre, sucrée, fondante, parfumée.

Plante vigoureuse et fertile, à pédoncules très-fermes. Comme la précédente, elle se plaît bien dans la terre de bruyère.

Obtenue en 1810 à Versailles par le jardinier en chef du potager, M. Souchet.

Figurée dans la *Pomologie française.*

Chili de Plougastel; synonymes : *Chili velue*, *Prémices de Bagnolet.*

Fruit gros ou très-gros, de forme arrondie; couleur rouge terne; graines presque saillantes; chair carnée, creuse, juteuse, sucrée, assez bonne.

Plante très-vigoureuse, et, dans certaines localités, rustique, de fertilité moyenne; maturité demi-tardive.

C'est l'une des variétés de la fraise du Chili, cultivées en Bretagne et notamment à Plougastel.

M. D. Graindorge l'a répandue sous le nom de Prémices de Bagnolet et fait figurer sous ce nom dans la *Revue horticole* de l'année 1850.

Cockscomb (jardins royaux de Windsor).

Fruit très-gros, quelquefois énorme, de forme conique, souvent en crête de coq (d'où lui vient son nom); couleur rose saumoné; graines saillantes; chair pleine, blanc rosé, sucrée, relevée. Délicieux.

Plante vigoureuse, rustique et très-fertile; maturité tardive.

Obtenue en 1861 par M. Powell, au jardin royal de Frogmore, et introduite en France par nous en 1862. Variété remarquable.

Constante (la) [de Jonghe].

Fruit gros, de belle forme conique, régulière; rouge vernissé; graines saillantes; chair carné, pleine, beurré, juteuse, acidulée, très-parfumée, rappelant à parfaite maturité un peu le goût des Caprons. Exquise.

Plante rustique, trapue et très-fertile, avec des hampes courtes et solides. Maturité moyenne et prolongée, se force bien pour seconde saison.

La fermeté du fruit permet de le transporter à longue distance.

Variété très-précieuse, donnant peu de filets.

Obtenue en 1854 par M. de Jonghe, à Bruxelles, introduite en France par nous en 1856.

Cornucopia (Nicholson).

Fruit gros, de forme en cœur, rouge orangé glacé; graines saillantes; chair rose veinée de rouge, pleine, juteuse, sucrée, relevée.

Plante très-rustique et d'une fertilité étonnante, mûrissant ses fruits en succession.

Obtenue par Nicholson en 1859, introduite en France par nous en 1860.

Crémont; synonyme : *Général Havelock*.

Fraise grosse, belle, régulière, en forme de cœur; rouge vernissé; chair vermillon, presque pleine, acide, sucrée, relevée. Bonne.

Plante rustique, assez fertile, de maturité moyenne; se force bien.

Obtenue en 1850 par M. Crémont, horticulteur à Sarcelles.

Crimson Cluster (Mme Clements).

Fruit en bouquet, gros ou moyen, rond, quelquefois en crête de coq, rouge pourpre; chair rouge, pleine, très-ferme, juteuse, très-sucrée, avec une saveur de cerise prononcée. Très-riche à parfaite maturité.

Plante très-vigoureuse, très-rustique et fertile, maturité prolongée ; se force bien.

Obtenue il y a une dizaine d'année par Mme Clements, amateur très-distinguée, en Angleterre, introduite en France par nous en 1861.

Délicieuse (Lorio).

Fruit gros ou très-gros, rond ou ovale ; couleur jaune abricot ; graines presque saillantes ; chair pleine, ferme, beurrée, blanc jaunâtre, sucrée, parfumée. Variété unique dans son genre.

Plante vigoureuse et fertile, de maturité très-tardive. Donne peu de coulants.

Obtenue en 1851 par Lorio, à Liége.

Duc de Malakoff (Gloede).

Fruit toujours très-gros, quelquefois monstrueux et en quelque sorte le géant des fraises ! Forme irrégulière, arrondie, aplatie ou en crête de coq, velue çà et là sur les arêtes ; couleur rouge foncé ; graines rouge brun, presque saillantes ; chair rouge clair, pleine, juteuse, acidulée, sucrée, parfumée, avec un goût d'abricot.

Plante très-vigoureuse, fertile, de maturité moyenne.

En culture forcée, la plante produit des fruits magnifiques, mais en petit nombre.

Obtenue par nous en 1856 d'un semis de la fraise du Chili velue fécondée avec British-Queen.

Ecarlate Américaine.

Fruit moyen, de forme allongée; couleur rouge foncé à col; graines saillantes; chair rouge, pleine, juteuse, très-sucrée, savoureuse sans être relevée.

Plante rustique et vigoureuse, très-fertile et tardive.

Originaire de l'Amérique du Nord.

Ecarlate Beehive (Matthewson).

Fruit petit et moyen, de forme ronde; rouge écarlate; graines enfoncées dans les alvéoles; chair blanc rosé, ferme, pleine, juteuse, sucrée.

Plante vigoureuse et rustique, de maturité très-hâtive, fertilité incroyable.

Bonne fraise pour faire des confitures.

Obtenue il y a très-longtemps aux environs d'Aberdeen, en Ecosse.

Ecarlate Groveend (Atkinson).

Fraise dans le genre de la précédente, mais plus grosse bien que moins fertile, néanmoins très-productive et précieuse pour confitures.

Obtenue en **1820** à Groveend en Angleterre, par Atkinson.

Eclipse (Reeve).

Fruit gros, de forme assez régulière, ronde ou ovale ; rouge vif ; graines peu enfoncées dans les alvéoles ; chair blanche, pleine, sucrée, parfumée ; très-riche.

Plante rustique, vigoureuse et très-fertile, de maturité hâtive ; bonne à forcer.

Obtenue en **1859** par M. Reeve, à Acton-Hall, en Angleterre, et introduite en France par nous en **1861**.

Eleanor (Myatt). — Synonyme *Nimrod* (*Lucombe Pince*), Crystal-Palace (*Nicholson*).

Fruit très-gros, en cône obtus, allongé et aplati ; vermillon vif glacé ; graines peu enfoncées dans les alvéoles ; chair blanche au centre, rouge à la circonférence, fondante, pleine, sucrée, agréablement acidulée et parfumée.

Plante très-vigoureuse, très-productive, tardive ; se force bien en seconde saison.

Obtenue en **1847** par Myatt, répandue en France en **1849**.

Eliza (Rivers).

Beau fruit régulièrement rond, de grosseur

moyenne, couleur vermillon clair; graines enfoncées dans les alvéoles; chair blanche, pleine, juteuse, acidulée, sucrée, parfumée; très-bonne.

Plante trapue, fertile, demi-hâtive, se force très-bien.

Obtenue en 1854 par Thomas Rivers, à Sawbridgeworth, en Angleterre, introduite en France par nous en 1856.

Emily (Myatt).

Fruit gros, forme ronde ou aplatie d'un rose pâle; calice réfléchi; graines brunes saillantes; chair blanche, pleine, juteuse, sucrée, parfumée. Variété très-distincte.

Plante rustique vigoureuse et fertile, de maturité tardive.

Obtenue en 1857 par Myatt, introduite en France par nous en 1860.

Emma (de Jonghe).

Fruit gros de forme en cône obtus ou rond à col; couleur d'un beau rouge vif luisant; graines peu abondantes enfoncées dans les alvéoles; chair blanc rosé, pleine, juteuse, sucrée, parfumée.

Plante rustique, vigoureuse et très-hâtive, se force bien.

Obtenue par de Jonghe en 1856, introduite en France par nous en 1859.

Empress Eugénie (Knevett).

Fruit de première grosseur, souvent énorme, ayant atteint en Angleterre le poids de 60 à 75 grammes, les uns arrondis ou en cône allongé, les plus gros en crête de coq ou en tomate; velus sur les angles; rouge pourpre vernissé; graines petites et saillantes; chair vermillon, pleine, juteuse, acidulée, sucrée, parfumée; bonne

Plante très-vigoureuse, rustique et très-fertile; ouvre la série des tardives et de maturité très-prolongée; se force très-bien en seconde saison

Obtenue par H. Knevett, jardinier maraîcher à Isleworth, en Angleterre, en 1854, et introduite en France par nous en 1857.

Cette variété mérite la culture en grand, figurée dans la *Revue horticole.*

Excellente (Lorio)

Fruit gros ou très-gros, rond ou aplati; rouge foncé, chair rose; pleine, fondante, sucrée, parfumée, relevée, excellente.

Plante rustique, vigoureuse et très-fertile, de maturité moyenne.

Obtenue en 1850 par Lorio à Liége, et introduite en France par nous en 1851.

Exposition de Châlons (Nicaise).

Fruit gros, de forme ovale ou aplatie; rouge

pourpre brillant; graines nombreuses, saillantes; chair pleine, rose veinée de rouge, juteuse, sucrée, parfumée; je lui ai trouvé un goût prononcé de cassis.

Plante rustique et fertile, maturité moyenne et prolongée, bonne à forcer. Le fruit mûr se conserve bien sur pied sans se décomposer.

Semis du docteur Nicaise à Châlons-sur-Marne de l'année 1860.

Fairy-Queen (jardins royaux de Frogmore).

Fruit gros, de jolie forme conique ou ovale; rose orangé glacé; graines très-saillantes; chair blanche pure, pleine, beurrée, juteuse, sucrée, extrêmement parfumée, considéré comme un grand perfectionnement de *Carolina superba,* d'où cette variété est issue.

Plante rustique et très-fertile, de maturité moyenne.

Obtenue en 1861 par M. Powell au jardin royal de Frogmore, et introduite en France par nous en 1863. *Nouveauté hors ligne !*

Fertile (la) [de Jonghe].

Fruit gros ou très-gros de belle forme conique, allongée ou aplatie; rouge vif; graines saillantes; chair blanche carnée, pleine, ferme, juteuse, sucrée, relevée.

Plante vigoureuse, rustique et d'une fertilité remarquable. Cette variété a quelque rapport avec *la Constante*; mais sa végétation est plus vigoureuse, sa multiplication plus rapide et son fruit plus gros. Maturité moyenne et prolongée.

Le fruit supporte bien le transport.

Obtenue en 1857 par de Jonghe et introduite en France par nous en 1862.

Filbert Pine (Myatt).

Fruit gros, de belle forme régulièrement conique; couleur rose vif; graines saillantes; chair blanche ou blanc rosé, ferme, pleine, juteuse, sucrée, très-parfumée et relevée

Plante vigoureuse et rustique, d'une grande fertilité et de maturité moyenne, se force bien en seconde saison.

Réussit mieux en terre forte et fraîche, ou à défaut exige de copieux arrosements.

Obtenue vers 1852 par Myatt, introduite en France par nous en 1855.

Fill Basket (Nicholson).

Fruit gros de forme arrondie; beau rouge vermillon; graines saillantes; chaire rose pâle, creuse, fondante, sucrée, savoureuse.

Plante vigoureuse, rustique et d'une grande

fertilité d'où lui vient son nom : *Emplit Panier*; maturité moyenne et prolongée.

Obtenue en 1852 par Nicholson, et introduite en France par nous en 1853.

Fillmore (Feast).

Beau et gros fruit de belle forme ronde ; rouge pourpre luisant; chair rose, pleine, très-ferme, juteuse, sucrée, parfumée. Hampes très-fermes, supportant bien les fruits rassemblés en bouquet hors du feuillage.

Plante vigoureuse, rustique et fertile de maturité hâtive.

Obtenue il y a quelques années par M. Feast, horticulteur à Baltimore, aux Etats-Unis, introduite en France par nous en 1860.

Frogmore-Late-Pine (jardins royaux de Frogmore).

Très-beau et gros fruit, peu variable de forme, généralement en cône obtus, quelque fois lobé et aplati ; couleur rouge brillant; graines saillantes; chair pleine, ferme, blanc rosé, juteuse, sucrée, relevée.

Plante rustique, vigoureuse et à fructification tardive et prolongée. La meilleure des fraises tardives. Réussit bien en culture hâtée.

Obtenue en 1858 par M. Powell au potager royal

de Frogmore, et introduite en France par nous en 1860.

Gélineau.

Fruit gros de forme conique ou aplatie; rouge foncé brillant; chair rouge, juteuse, sucrée, agréablement acidulée.

Plante rustique et fertile de maturité très-tardive.

Obtenue en 1852 par Gélineau, jardinier à Angers.

Globe (de Jonghe).

Fruit gros ou très-gros, de belle forme arrondie ou ovale, rouge cramoisi, graines presque saillantes, chair blanche ou blanc rosé, pleine, juteuse, très-sucrée, très-parfumée, avec un goût prononcé de capron.

Plante trapue, rustique et vigoureuse, de grande fertilité et maturité moyenne.

Nouveauté remarquable obtenue en 1859 par de Jonghe, introduite en France par nous en 1862.

Gloria (Nicholson).

Fruit moyen ou gros, de forme conique très-régulière et à col; couleur rouge orangé, vif, glacé, graines saillantes; chair pleine, ferme, beurrée, blanc rosé, fondante, très-sucrée, très-parfumée, exquise.

Plante rustique, très-fertile; de maturité prolongée.

Obtenue en 1859 par Nicholson, introduite en France par nous en 1861.

Goliath (Kitley).

Fruit gros ou très-gros, en cône obtus, rouge vermillon ; chair pleine, blanche, juteuse, sucrée, parfumée, bonne.

Plante très-rustique et vigoureuse, très-fertile, maturité moyenne.

Obtenue en 1850 par Kitley, jardinier à Bath (Angleterre).

Grosse-Sucrée (la) [de Jonghe].

Fruit gros, de forme allongée, beau, d'un rouge vernissé, graines brunes, presque saillantes, chair blanc rosé, à cavité centrale; fondante, juteuse, sucrée, sans acidité ; excellente.

Plante trapue, naine, rustique, productive, assez tardive, bonne à forcer en seconde saison.

Obtenue en 1854 par de Jonghe, introduite en France par nous en 1856.

Hendries Seedling.

Fruit gros, en cône allongé, rouge orangé, graines saillantes, chair blanche, pleine, ferme, sucrée, très-parfumée; exquise.

Cette variété a beaucoup de rapport avec *British Queen*, mais elle est cultivable dans les localités où cette dernière ne réussit pas.

Plante très-vigoureuse, très-fertile, assez tardive.

Obtenue en Angleterre vers 1852.

Highland Mary (Cuthill).

Fruit moyen ou gros, de jolie forme allongée; couleur rouge vif vernissé; chair rose, pleine, juteuse, sucrée, relevée.

Plante rustique et très-fertile, maturité moyenne.

Obtenue en 1858, par James Cuthill, jardinier à Camberwell, en Angleterre, introduite en France par nous en 1860.

Hovey's Seedling.

Fruit gros, quelquefois très-gros, de forme arrondie ou lobée; couleur rouge vermillon, graines peu enfoncées dans les alvéoles, chair pleine, sucrée, relevée, un peu molle. Plante rustique, vigoureuse et très-fertile, maturité hâtive. Par sa grande rusticité, fertilité et précocité, je crois cette variété appelée à rendre des services dans la culture maraîchère pour la halle.

Obtenue en 1825 par M. Hovey, horticulteur à Boston, aux États-Unis, et connue en France depuis bon nombre d'années.

Jenny Lind (Fay).

Joli fruit, de grosseur moyenne, belle forme en cône allongé, rouge écarlate, vif; chair rose, ferme, juteuse, sucrée, légèrement acidulée.

Plante vigoureuse, rustique et très-fertile, l'une des plus hâtives.

Obtenue en 1856 par M. Isaac Fay, horticulteur à Boston, aux États-Unis, introduite en France par nous en 1858.

Impériale (Duval fils).

Fruit gros ou très-gros, de forme variable, arrondie, aplatie, conique ou en crête de coq, couleur rouge orangé vif, graines peu enfoncées dans les alvéoles; chair blanche, sucrée, juteuse, parfumée.

Obtenue en 1856 par M. Duval fils, horticulteur à Versailles.

John Powell (jardins royaux de Frogmore).

Fruit moyen ou gros, de forme ovale, plus gros au sommet et à col très-prononcé; rouge vif glacé, graines peu enfoncées, chair blanche ou blanc rosé, ferme, pleine, juteuse, sucrée, très-relevée.

Plante remarquablement rustique et vigoureuse,

produisant très-abondamment et pendant longtemps en succession.

Obtenue en 1861 par M. Powell, aux jardins royaux de Frogmore, et introduite en France par nous en 1863.

Jucunda (Salter).

Fruit gros ou très-gros, quelquefois énorme, de belle forme, en cône obtus aplati ; rouge vermillon ; graines jaunes saillantes ; chair blanc, rosé ; acidulée, un peu pâteuse, sucrée, peu parfumée. Bien que la qualité du fruit laisse un peu à désirer, nous pouvons néanmoins conseiller la culture de cette variété principalement à cause du grand nombre de ses fruits vraiment *magnifiques !*

La plante est très-vigoureuse et très-rustique, et de maturité tardive. Elle se prête bien à la culture hâtée. Il serait à désirer, dans l'intérêt du jardinier aussi bien que dans celui des consommateurs, qu'elle fût largement cultivée dans les champs, pour l'approvisionnement des grandes villes.

Obtenue en 1854 par John Salter, à Hammersmith, en Angleterre, introduite en France par nous en 1855.

Kaminski.

Fruit gros ou très-gros, de forme variable, rond,

conique ou en crête de coq ; couleur rose vif ; graines saillantes ; chair blanche, rose au centre, pleine, ferme, juteuse, sucrée, parfumée.

Plante rustique, vigoureuse et fertile, de maturité tardive.

Obtenue il y a plusieurs années par M. Kaminski, amateur distingué de la Lorraine.

King Arthur (Mme Cléments).

Fruit moyen, ou gros, en cône très-allongé ; rouge vif glacé ; graines saillantes ; chair rose, pleine, juteuse, sucrée, relevée.

Plante très-vigoureuse et fertile, maturité tardive. Bonne à forcer en seconde saison.

Obtenue en 1860 par Mme Cléments, amateur très-distinguée d'Angleterre ; introduite en France par nous en 1862.

Léonce de Lambertye (de Jonghe).

Superbe fruit, gros ou très-gros, d'une belle forme conique régulière, parfois un peu aplati du bout ; rouge vernissé ; graines peu enfoncées dans les alvéoles ; chair ferme, blanche carnée ; jus abondant ; sucrée et d'une saveur relevée. Provient d'un semis de la Grosse-Sucrée ; le fruit est plus beau que celui de la *Constante*, sans lui être inférieur.

La plante est d'une croissance luxuriante, très-fertile même sur filets restés en place ou déplantés à l'automne ou au printemps; maturité moyenne.

Obtenue par de Jonghe en 1859, introduite en France par nous en 1863.

Lorenz Booth (de Jonghe).

Fruit gros ou très-gros, oblong, couleur rouge vif luisant; chair cerise carminée, pleine, juteuse, sucrée, relevée.

Plante rustique, vigoureuse et fertile, maturité hâtive.

Obtenue en 1859 par de Jonghe, introduite en France par nous en 1862.

Lucas (de Jonghe).

Fruit gros, de belle forme ronde ou ovale, rouge cramoisi vernissé; graines nombreuses peu enfoncées dans les alvéoles, souvent saillantes; chair blanc rosé, pleine, ferme, fondante, très-sucrée, excellentissime et l'une des meilleures fraises connues.

Plante vigoureuse, rustique et fertile, se force facilement, et surtout très-propre à la culture hâtée.

Obtenue en 1858 par de Jonghe et introduite en France par nous en 1860.

Lucie (Boisselot).

Fruit très-gros, de forme irrégulière, arrondie, aplatie, parfois plus large au sommet qu'à la base et formant des arêtes, rouge vif glacé; graines peu abondantes, saillantes, rouge brun; chair rose, ferme, pleine, juteuse, sucrée, relevée, bonne.

Plante très-vigoureuse, rustique, très-fertile, très-tardive. A mon avis, la fraise la plus tardive de race américaine, surtout plantée au pied d'un mur au nord.

Obtenue en 1856 par M. Auguste Boisselot, amateur distingué à Nantes, d'un semis de la Chili fécondée par Cornue de Nantes. (*Old Pine* des Anglais?) Figurée dans l'*Horticulteur français.*

Mme Élisa Champin (Jamin et Durand).

Synonymes : *Hélène Jamin* et *Souvenir* d'*Émilie.*

Fruit gros ou très-gros, de forme très-allongée, carré du bout, rouge vif; graines enfoncées ; chair blanche presque pleine, sucrée, relevée.

Plante rustique, vigoureuse et très-fertile. Maturité tardive.

Obtenue en 1857 par Jamin et Durand, pépiniéristes à Bourg-la-Reine.

Mme Elisa Vilmorin (Gloede).

Fruit gros ou très-gros, de belle forme arrondie ou aplatie, couleur rose' orangé; graines saillantes; chair blanche, fine, ferme, pleine, fondante, très-sucrée, très-parfumée, exquise.

Plante très-vigoureuse et rustique; malheureusement sa fertilité n'est pas en rapport avec l'excellence de son fruit; c'est à cause de cette dernière considération que je lui donne une place dans cette liste.

Obtenue par nous, en 1854, d'un semis de la fraise Chili velue fécondée par *British Queen.*

Magnum Bonum (Barratt).

Fruit gros, de forme variable, rouge orangé; graines saillantes; chair blanche, pleine, ferme, très-sucrée, juteuse, très-parfumée, exquise.

Plante rustique, vigoureuse et fertile, se rapprochant de la variété *British Queen*, mais moins difficile sur le terrain.

Obtenue en 1854 par William Barratt, horticulteur à Wakefield, en Angleterre; introduite en France par nous en 1855.

Marguerite (Lebreton).

Fruit gros et très-gros, de belle forme, en cône

allongé, rouge vif vernissé jusqu'au sommet; graines petites, nombreuses, presque saillantes; chair orange vif à la circonférence, blanche au centre, pleine, juteuse, sucrée, relevée; mèche nulle ou molle. Bonne.

Plante vigoureuse et rustique, de maturité très-hâtive et se forçant facilement.

Plusieurs cultivateurs lui ont trouvé le défaut, en culture *forcée*, de se colorer mal et de se décomposer rapidement. A mon avis, cela tient à ce qu'au moment de la maturité l'air n'a pu circuculer assez librement dans les bâches. Dans l'hypothèse où l'on ne parviendrait pas à faire disparaître cet inconvénient *dans les premières forceries*, on ne pourrait refuser à cette variété une réunion de qualités incontestables qui légitiment l'immense popularité dont elle jouit.

Obtenue en 1859 par M. Lebreton, amateur distingué à Châlons-sur-Marne, figurée dans la *Revue horticole.*

Marquise de Latour-Maubourg (Jamin et Durand); synonymes : *Vicomtesse Héricart de Thury*, *Duchesse de Trévise.*

Fruit gros et petit, arrondi ou aplati, rouge vermillon; graines nombreuses, saillantes; chair blanche, pleine, très-sucrée, d'un goût très-relevé.

Plante vigoureuse, rustique, très-fertile, très-hâtive.

Obtenue en 1849 par Jamin et Durand à Bourg-la-Reine.

May Queen (Nicholson).

Fruit de grosseur moyenne et inégale, mais de forme assez régulière, arrondie, quelquefois plus large que longue, vermillon orangé; graines enfoncées dans les alvéoles; chair blanche, pleine, fondante, assez sucrée et parfumée. Excellente à parfaite maturité.

Plante basse, vigoureuse et rustique, très-fertile. La plus hâtive de toutes les fraises connues jusqu'à ce jour, y compris la Quatre-Saisons.

Obtenue en 1857 par Nicholson et introduite en France par nous dès 1858.

Nous en avons récolté des fruits parfaitement mûrs au pied d'un mur au midi, sans aucun autre abri, dès le 12 mai !

Très-propre à la culture forcée en godets de 8 à 10 centimètres.

M. Grison, au potager de Versailles, a récolté le *15 janvier 1865* des May Queen en culture forcée.

Modèle (de Jonghe).

Fruit gros, ovale ou aplati, rouge vif luisant;

graines saillantes; chair carnée, ferme, pleine, juteuse, sucrée, avec un goût très-prononcé de capron lors de sa parfaite maturité.

Plante très-trapue, très-rustique, mais de croissance modérée et donnant très-peu de coulants, par conséquent lente à multiplier; maturité moyenne.

Obtenue en 1859 par de Jonghe, introduite en France par nous en 1862.

Muscadin de Liége (Lorio).

Fruit gros, en cône allongé, parfois plus large au sommet qu'à la base et simulant deux à trois fraises soudées ensemble, rouge foncé; graines roses saillantes; chair rouge, pleine, très-fine, très-sucrée, parfumée.

Plante très-vigoureuse, très-fertile, hâtive.

Obtenue par Lorio à Liége, en 1850, introduite en France par nous en 1852.

Myatt's Prolific. — *Voir* Wonderful ; bien que son nom primitif soit Myatt's Prolific, je l'ai décrite sous celui de Wonderful, par lequel il est plus connu.

Napoléon III (Gloede).

Fruit gros ou très-gros, de forme arrondie ou

aplatie, quelquefois en crête de coq; un peu velu sur les arêtes; vermillon orangé; graines saillantes; chair blanche pure, ferme, fondante, sucrée, acidulée, pas très-parfumée, mais bonne.

Plante très-vigoureuse, rustique, fertilité énorme et tardive.

Obtenue par nous en 1859 d'un semis de la British-Queen, figurée dans la *Revue horticole.*

Nec plus ultra (de Jonghe).

Fruit gros ou très-gros, de forme très-irrégulière, souvent très-allongée; rouge brun presque noir à parfaite maturité; graines presque saillantes; chair rouge, juteuse, sucrée, peu parfumée; bonne.

Plante rustique et vigoureuse, très-fertile et hâtive.

Obtenue en 1854 par de Jonghe, introduite en France en 1855.

Newton Seedling (Challoner).

Fruit gros, de jolie forme conique très-régulière; couleur rouge vif glacé; graines saillantes; chair rose, pleine, juteuse, sucrée, relevée.

Plante rustique, vigoureuse et extrêmement fertile; maturité moyenne. Réussit mieux dans une terre forte et fraîche, ou à défaut exige de copieux arrosements.

Obtenue en 1859 par M. Challoner en Angleterre, introduite en France par nous en 1860.

Orb (Nicholson).

Fruit gros, de forme globuleuse; couleur rose vif; graines saillantes; chair blanche jaunâtre, beurrée, pleine, sucrée, parfumée, exquise.

Plante rustique et assez fertile, de maturité moyenne.

Obtenue en 1858 par Nicholson, introduite en France par nous en 1860.

Oscar (Bradley).

Fruit gros ou très-gros, de forme irrégulière, arrondie, aplatie, ou en crête de coq; beau rouge vernissé; graines jaunes saillantes; chair rouge à la circonférence, blanche au centre, ferme, pleine, sucrée, acidulée, très-parfumée, excellente.

Plante naine, vigoureuse, très-fertile, demi-hâtive, se force bien, le fruit supporte bien le transport.

Obtenue par M. Bradley, à Elton-Manor, en Angleterre, en 1858; introduite en France par nous en 1859.

Figurée dans l'*Horticulteur français* et dans l'*Illustration horticole.*

Palmyre (Berger).

Fruit gros, de belle forme, en cône obtus, couleur rose vif; coloris distinct; graines saillantes; chair blanche rosée, pleine, sucrée, juteuse, relevée.

Plante rustique, de maturité moyenne et assez fertile.

Obtenue il y a une dizaine d'années par M. Berger fils, cultivateur à Verrières, d'un semis de la fraise Comte de Paris.

Patrick.

Fruit gros, de forme allongée, aplatie; rouge vif; graines enfoncées; chair creuse, blanche, rosée, sucrée, très-juteuse et parfumée; bonne.

Plante vigoureuse et rustique, fertile.

Obtenue vers 1849 en Angleterre.

Premier (Ruffet).

Fruit gros ou très-gros, de belle forme ronde, ovale ou lobée; rouge vermillon glacée; graines saillantes; chair pleine, ferme, blanche, veinée de rose, juteuse, sucrée parfumée.

Plante très-vigoureuse, rustique et extrêmement fertile, maturité moyenne; se force bien.

Obtenue en 1862 par Ruffet, jardinier de lord

Palmerston, en Angleterre, introduite en France par nous en 1863.

Président (Green).

Fruit gros, de belle forme ronde ou ovale; rouge vif; graines saillantes; chair blanche carnée, ferme, pleine, juteuse, sucrée, parfumée, exquise.

Plante très-vigoureuse, rustique et très-fertile, maturité hâtive et prolongée. Excellente à forcer, genre de Victoria (Trollope), dont elle possède toutes les bonnes qualités *sans en avoir les défauts.*

Obtenue en 1862 par Green, en Angleterre, introduite en France par nous en 1863.

Prince Alfred (Ingram).

Beau fruit gros ou très-gros, en forme de cœur, couleur d'un beau rouge pourpre; graines saillantes; chair rose, pleine, juteuse, sucrée, relevée.

Plante naine, mais rustique et très-fertile, de maturité moyenne; se plaît bien au nord.

Obtenue en 1854 par M. Ingram, à Frogmore, introduite en France par nous en 1856.

Prince Arthur (Ingram).

Fruit moyen, de jolie forme ovale et conique, couleur saumonée; graines saillantes; chair pleine, ferme, blanche, très-sucrée, juteuse, parfumée, excellente.

Plante rustique, très-fertile et très-hâtive; bonne à forcer.

Obtenue en 1857 par M Ingram, à Frogmore, introduite en France par nous en 1859

Prince Impérial (Graindorge).

Joli fruit, petit ou moyen, de forme conique, arrondie ou aplatie; rouge vermillon glacé; graines saillantes; chair rosée, fine, pleine, sucrée, parfumée.

Plante rustique, vigoureuse et fertile ; se force bien.

Répandue par M. Graindorge, cultivateur à Bagnolet, en 1856, figurée dans l'*Horticulteur français*.

Prince of Wales (Cuthill).

Fruit gros, de forme allongée ou conique, rouge vermillon ; graines peu enfoncées; chair rose vif, pleine, juteuse, sucrée, acidulée.

Plante rustique et très-fertile, très-tardive, et à cause de cela précieuse. Bonne fraise pour confitures.

Obtenue en 1852 par James Cuthill, introduite en France par nous en 1853.

Princess Alice Maud (Trollope).

Fruit gros, de belle forme conique ; rouge vermillon clair ; graines jaunes saillantes ; chair blanc rosé, pleine, juteuse, sucrée, relevée.

Plante rustique et vigoureuse, très-fertile, très-hâtive ; se force bien.

Obtenue il y a quinze années par Trollope, à Bath, en Angleterre.

Princess of Wales (Knight).

Fruit gros, de forme ronde, ovale ou aplatie, rouge vif ; graines saillantes ; chair blanc rosé, pleine, juteuse, sucrée, très-parfumée.

Plante très-vigoureuse, rustique et fertile, très-hâtive et se force facilement. Elle promet d'être aussi précoce que *May Queen* et dans ce cas elle remplacerait celle-ci avantageusement.

Obtenue en 1862 par M. Knight, horticulteur à Battle, en Angleterre, introduite en France par nous en 1863.

Progrès (de Jonghe).

Fruit gros, de forme ronde ou aplatie, d'un beau rouge foncé ; graines presque saillantes ; chair blanche ou blanc rosé, ferme, pleine, sucrée, fondante, parfumée.

Plante trapue, vigoureuse et rustique, très-fertile et de maturité hâtive.

Obtenue en 1859 par de Jonghe, introduite en France par nous en 1862.

Reine (la) [de Jonghe].

Fruit moyen, de jolie forme en cône, très-allongée ou aplatie, blanc rosé (couleur très-distincte); graines brunes saillantes; chair blanc de neige, pleine, ferme, fondante, sucrée, juteuse, très-parfumée. Excellentissime variété rustique et fertile, de maturité moyenne.

Obtenue par de Jonghe en 1854, introduite en France par nous en 1856.

Rifleman (Ingram).

Fruit très-gros, souvent énorme, de forme variable, quelquefois en crête de coq, couleur rose orangé vif; graines saillantes; chair pleine, blanche, ferme, juteuse, sucrée, relevée.

Plante vigoureuse et très-fertile, maturité tardive. Cette variété réussit mieux dans une terre forte et demande beaucoup d'arrosements pour mûrir le grand nombre de ses fruits.

Obtenue en 1859 par M. Ingram, introduite en France par nous en 1861.

Royal Victoria (Stewart et Neilson).

Fruit gros, de forme ronde, rouge vermillon vif glacé; graines saillantes; chair blanche, pleine, ferme, juteuse, sucrée, relevée.

Plante très-rustique et fertile, de maturité moyenne et tardive; se force bien en deuxième saison.

Obtenue en 1857 par Stewart et Neilson, introduite par nous en France en 1859.

Scarlet Pine.

Fruit de grosseur moyenne, forme conique à col, couleur écarlate vif glacé; graines saillantes; chair blanc pur, ferme, pleine, juteuse, sucrée, avec un goût très-prononcé de l'Ananas, exquise.

Plante rustique et vigoureuse, de fertilité moyenne, maturité tardive. Cette variété est très-ancienne, sa vraie origine reste inconnue, et je me demande si elle ne serait pas la vraie *Carolina* ou *Old Pine*, dont la qualité est si souvent citée comme type de perfection?

Sir Charles Napier (Smith).

Fruit gros ou très-gros, belle forme conique le plus souvent, quelquefois énorme et en crête de coq, vermillon orangé très-vernissé; graines saillantes; chair blanc rosé avec une cavité centrale, fondante, sucrée, acidulée, parfumée. Bonne.

Plante rustique et vigoureuse, très-fertile, assez tardive, bonne à forcer.

Obtenue en 1853 par Richard Smith, jardinier à Twickenham, introduite en France par nous en 1855.

Sir Harry (Underhill).

Fraise grosse et très-grosse, quelquefois énorme, arrondie, lobée, quelquefois aplatie, rouge et rouge brun luisant; graines nombreuses et saillantes; chair vermillon à la circonférence, blanche au centre, pleine ou à cavité centrale dans les plus gros fruits, juteuse, très-sucrée, saveur exquise. Maturité demi-hâtive, prolongée.

Plante très-vigoureuse, rustique, peu feuillue, très-fertile, tellement que souvent la première année les plantes sont épuisées par le grand produit. Il serait donc à conseiller de cultiver cette variété comme bisannuelle; d'ailleurs, nous savons par expérience qu'elle produit toujours les fruits les plus beaux la première année! Il va sans dire qu'à cet effet les premiers filets doivent être utilisés et mis en place de bonne heure, si faire se peut en juillet ou août.

Cette fraise incomparable a été obtenue en 1853 par M. Richard Underhill, à Edgbaston, près Birmingham, et a été introduite en France par nous en 1854.

Malheureusement elle existe rarement identique, car souvent nous voyons cultivées les variétés *Victoria* (Trollope) et *Hooper's Seedling* qui lui sont substituées, et qui cependant en diffèrent essentiellement. Se prête admirablement à la culture hâtée.

Figurée dans l'*Horticulteur français*.

Savoureuse (la) [de Jonghe].

Fruit assez gros, allongé, pointu au sommet; d'un beau cerise glacé; graines saillantes; chair pleine, ferme, blanche carnée, très-sucrée, juteuse, très-savoureuse.

Plante vigoureuse, rustique et fertile, de maturité moyenne.

Obtenue en 1859 par de Jonghe, introduite en France par nous en 1862.

Sir Joseph Paxton (Bradley).

Fruit gros ou très-gros, régulièrement rond; rouge cramoisi vif glacé; graines saillantes; chair saumon, ferme, pleine, fondante, sucrée, très-parfumée.

Plante très-vigoureuse, rustique et très-fertile, maturité hâtive ; très-bonne à forcer.

Nouveauté distincte et exquise.

Obtenue en 1862 par Bradley, et introduite en France par nous en 1864.

Surprise (Myatt). — Synonymes : *Léon de Saint-Laumer* (Grin) ; *la Honte des Jaloux* (Dupont).

Fruit gros, très-gros ou énorme, de forme très-variable, conique, allongée, aplatie, ou en crête de coq ; couleur rose saumoné vif ; graines saillantes ; chair blanche, creuse, juteuse, sucrée ; malheureusement de saveur médiocre et se décomposant vite.

Plante rustique, très-vigoureuse et très-fertile, maturité moyenne.

Obtenue en 1850 par Myatt, introduite en France en 1852.

Figurée dans l'*Horticulteur praticien*.

Titien (le) [Henderson].

Fruit gros, de forme très-allongée à col très-prononcé, rouge vif glacé ; graines saillantes ; chair rose, pleine, ferme, fondante, sucrée, très-parfumée.

Variété vigoureuse, rustique et fertile, de maturité moyenne.

Répandue par M. Henderson, horticulteur à Londres, introduite en France par nous en 1862.

Victoria (Trollope).

Fruit gros ou très-gros, de belle forme, régulièrement ronde; vermillon vif; graines enfoncées; chair blanc rosé, très-tendre, creuse, juteuse, sucrée, de saveur agréable, mais se décomposant vite après la cueille, et par conséquent supportant mal le transport.

Plante très-rustique, très-vigoureuse, très-productive, maturité moyenne et se force bien.

Obtenue en 1849 par L. Trollope, jardinier à Bath, introduite en France par nous en 1851.

Wilmot's Superb, synonyme : Fraise *Forest.*

Fruit gros ou très-gros, de forme ronde, quelquefois plus large que longue; couleur rouge pourpre très-luisant; graines très-saillantes; chair creuse, rose, veinée de rouge, juteuse, sucrée, assez bonne.

C'est un fruit d'une grande beauté et très-distinct des autres grosses fraises.

Plante très-vigoureuse, rustique mais peu fertile, maturité tardive.

Obtenue il y a de longues années par Wilmot, jardinier à Isleworth.

Wonderful (Jeyes), synonymes : *Myatt's Prolific ; Versaillaise* (Salter) ; *Bats Wing* (en Écosse) ; *Élisa de Villemereux* (Cat. Lemoine) ; *Perle de Rastede* (Haage).

Fruit gros, de forme allongée, aplatie, carré du bout et souvent blanc au sommet ; graines nombreuses, saillantes ; chair blanche pure, quelquefois à cavité centrale, beurrée , fondante, sucrée, acidulée, très-parfumée ; excellente.

Plante très-vigoureuse, d'une fertilité extraordinaire, tardive, et se forçant bien en seconde saison. Cette variété a eu l'honneur, par ses grandes qualités, d'avoir été rebaptisée plus souvent qu'aucune autre ; elle a été positivement obtenue en 1850 par Myatt et mise au commerce sous le nom de *Myatt's Prolific* qui devrait lui rester ; mais, ayant été répandue plus tard plus généralement sous celui de *Wonderful* , qui lui a été donné en 1857 par John Jeyes, à Northampton , je la décris sous ce nom.

Variétés européennes

RACE DES CAPRONNIERS

Hautbois des Anglais, Moschus ou Vierlander des Allemands

Belle Bordelaise (Lartey).

Fruit de grosseur moyenne, conique, rouge vineux, peu coloré en culture mal soignée; graines saillantes; chair blanc jaunâtre, pleine, ferme, sucrée, d'un goût très-parfumé. Très-recherché par certaines personnes, excellentissime selon moi.

Plante très-rustique, très-fertile, demi-hâtive, donne souvent à l'automne une seconde petite récolte, si les arrosements ne lui ont pas manqué après la première fructification.

Obtenue en 1854 par M. Lartey, horticulteur à Bordeaux.

Bijou des Fraises (Wolff).

Fruit plus gros que le précédent et de couleur plus foncée, d'une saveur plus riche selon quelques personnes.

Plante vigoureuse, rustique et fertile.

Obtenue en Allemagne il y a environ huit ans.

Black Hautbois ; synonyme : *Capron noir.*

Fruit moyen, de belle forme ronde, rouge *très-foncé, presque noir à complète maturité et en culture soignée* ; chair blanc jaunâtre, beurrée, pleine, ferme, très-sucrée, très-parfumée. Selon moi, le plus riche des Caprons.

Plante très-vigoureuse, très-rustique, de fertilité moyenne.

Origine inconnue, nous est venue de l'Angleterre.

Large flat Hautbois.

Fruit assez gros, de forme élargie aplatie, couleur moins foncée que les autres fruits de cette race. Qualité exquise.

Plante très-vigoureuse, rustique, de fertilité et maturité moyenne.

Originaire de l'Angleterre.

Monstrous Hautbois ; synonymes : *Improved Hautbois* ; — *Fertilized Hautbois* (Myatt).

Fruit gros, en culture soignée le plus gros des Caprons, rouge vineux foncé, qualité à peu près semblable aux autres variétés de cette espèce.

Plante touffue, très-vigoureuse et rustique, très-fertile et de maturité tardive.

Originaire de l'Angleterre.

Royal Hautbois (Rivers). [Ne pas confondre avec l'ancien *Capron royal.*]

Fruit moyen ou gros, de forme arrondie ; couleur rouge vineux ; chair blanc jaunâtre, pleine, ferme, beurrée, fondante, très-sucrée, très-parfumée.

Plante vigoureuse et rustique, et d'une grande fertilité, maturité assez tardive et prolongée.

Obtenue en 1861 par M. Rivers, à Sawbridgeworth, d'un semis de la Belle Bordelaise et considéré comme une amélioration notable.

FRAISES PERPÉTUELLES

Des Quatre-Saisons, de tous les mois, Semperflorens, improprement appelée des Alpes

Choix des meilleures variétés de cette section

Blanche d'Orléans (Vigneron).

Fruit relativement gros, de couleur blanc jaunâtre.

Plante très-fertile.

Obtenue en 1859 par Jacques Vigneron, horticulteur à Orléans.

Janus (Bruant).

Fruit d'un beau rouge, très-gros et souvent lobé, de qualité exquise.

Plante vigoureuse et très-fertile.

Obtenue à Poitiers en 1863.

Meudonnaise (la), ou à feuilles de laitue; synonyme : *Triomphe de Hollande.*

Fruit plus gros que les autres variétés de cette section, de jolie couleur rose vif et d'excellente qualité.

Plante d'un joli aspect avec son feuillage gaufré, fertile et vigoureuse.

Obtenue il y a déjà longtemps par M. Laffay, à Meudon.

Rouge, du potager impérial de Versailles :

Gloire de Saint-Genis-Laval (Lafont).

Galland (Vigneron).

Sous-variétés à fruit plus ou moins rouge et de toute première qualité.

Rouge à fruit brun de Gilbert.

Fruit de bonne grosseur, remarquable par sa

couleur rouge brun presque noir, très-parfumé et très-abondant.

Gaillon, ou fraisier sans coulants.

Fruit rouge et blanc ayant les mêmes qualités que les autres de cette section.

Très-précieux pour faire de jolies bordures dans le potager, où il réjouit l'œil et le palais pendant toute la belle saison.

Obtenue vers 1820 par M. Baube à Gaillon.

FRAISES PAR ORDRE DE MATURITÉ

Autant que l'irrégularité des saisons et du temps permet de le préciser

Les plus hâtives

May-Queen, — Princess of Wales, — Ecarlate Groveend, — Beehive, — Eclipse (Reeve), — Jenny Lind, — Marguerite, — Nec plus ultra, — Prince Impérial, — Princess Alice Maud, — Prince Arthur (Ingram), — Progrès, — Sir Joseph Paxton, — Premier, — Président, — Ambrosia, — Lorenz Booth, — Belle-Bordelaise, — les Quatre-Saisons.

De maturité moyenne

Barnes' large white, — Bonté de Saint-Julien, — British Queen, — British Sovereign, — Carolina Superba, — Chili orange, — Chili velue, — la Châlonnaise, — Crémont, — Cornucopia, — Crimson Cluster, — Duc de Malakoff, — Eliza (Rivers), — Emily, — Emma, — Empress Eugénie, — Excellente, — Exposition de Châlons, — Fairy Queen, — la Fertile, — Fill Basket, — Fillmore, — Globe, — Goliath, — Grosse Sucrée, — Hendries Seedling, — Highland-Mary. — Hovey's Seedling, — Impériale, — John Powell, — Kaminski, — King Arthur, — L. de Lambertye, — Lucas, — Magnum Bonum, — Marquise de Latour-Maubourg, — Muscadin de Liége, — Modèle, — Newton Seedling, — Orb, — Oscar, — Palmyre, — Patrick, — Prince Alfred, — la Reine, — Royal Victoria, — Scarlet Pine, — Sir C. Napier, — Sir Harry, — Savoureuse, — Souvenir de Kieff, — — Surprise, — le Titien, — Victoria, — Bijou des fraises, — Black Hautbois, — Large flat Hautbois, — Royal Hautbois.

Tardives

Bijou, — Cockscomb, — Admiral Dundas, — Ananas Lecoq, — Belle de Paris, — Eleanor, — Filbert Pine, — Frogmore late Pine, — Gélineau,

— Jucunda, — la Constante, — Mme E. Champin, — Napoléon III, — Rifleman, — Wonderful, — Wilmot's Superb, — Ecarlate américaine, — Monstrous Hautbois.

Très-tardives

Prince of Wales (Cuthill), — Lucie, — la Délicieuse, — Chili blanc rosé, — Mme Elisa Vilmorin.

Les plus grosses et les plus belles pour ornement d'un dessert

Globe, — L. de Lambertye, — Premier, — Sir J. Paxton, — Cockscomb, — Souvenir de Kieff, — Chili blanc rosé, — Admiral Dundas, — Barnes' large white, — Belle de Paris, — Duc de Malakoff, — Eleanor, — Emily, — Empress Eugénie, — Frogmore late Pine, — Jucunda, — la Châlonnaise, — Kaminski, — Marguerite, — Oscar, — Rifleman, — Sir Charles Napier, — Sir Harry, — Surprise, — Mme Elisa Champin.

Les plus exquises

Certaines variétés acquièrent plus de parfum dans un terrain sec et chaud, ou au midi que dans un sol compacte et humide, ou au nord.

Fairy Queen, — la Fertile, — Globe, — Président, — Princess of Wales, — Sir J. Paxton, — Souvenir de Kieff, — Ambrosia, — British Queen, — British Sovereign, — Carolina superba, — Eclipse, — Eliza (Rivers), — Filbert Pine, — Hendries Seedling, — la Châlonnaise, — la Constante, — la Grosse Sucrée, — Léonce de Lambertye, — Lucas, — Magnum Bonum, — Marquis de Latour-Maubourg, — Muscadin de Liége, — Orb, — Oscar, — Prince Arthur, — Prince Impérial, — la Reine, — Scarlet Pine, — Sir Harry, — Wonderful, — les Caprons, — les Quatre Saisons.

Les plus avantageuses pour la vente

La Fertile, — John Powell, — Premier, — Président, — Princess of Wales, — Eclipse, — — Empress Eugénie, — Fill Basket, — Hovey's Seedling, — Jucunda, — la Constante,— Marguerite, — Napoléon III, — Sir C. Napier, — Victoria, — Wonderful, — les Quatre-Saisons.

Propres à faire des confitures

Ecarlate Groveend, — Ecarlate Beehive, — Capron, — Belle Bordelaise, — les Quatre-Saisons, — Ananas Lecoq, — British Queen, — Excellente, — Jenny Lind, — la Constante, — Oscr. —P rince Arthur, — Prince of Wales, — Highland Mary, — Scarlet Pine, — Chili orange.

VARIÉTÉS QUI SUPPORTENT BIEN LE TRANSPORT

Ananas Lecoq, — Bijou, — British-Queen — Carolina superba, — Chili orange. — la Châlonnaise — la Constante, — Crimon Cluster, — Eliza (Rivers), — Emily, — Fairy Queen — la Fertile, — Fillmore, — Frogmore late Pine, — la Grosse Sucrée, — Hendries Seedling, — John Powell, — Jucunda. — Lucas, — Magnum Bonum, — Marquise de Latour-Maubourg — Modèle, — Orb, — Oscar, — Président, — Prince Arthur, — Princess of Wales, — la Reine, — Royal Victoria, — Scarlet Pine, — Sir C. Napier, — Sir Joseph Paxton, — Souvenir de Kieff, — le Titien, — Wonderful.

LISTE DESCRIPTIVE

DE QUELQUES VARIÉTÉS DE RACE AMÉRICAINE

Estimées par certaines personnes
bien qu'elles ne puissent être considérées de premier mérite
ou qui n'ont pu encore être suffisamment étudiées
pour être classées

Adair (Elphinstone).

Fruit gros ou très-gros, de forme en cœur pointu, rouge foncé vernissé, graines peu enfoncées dans les alvéoles; chair creuse, rose, sucrée, très-parfumée.

Plante très-vigoureuse, assez rustique, très-fertile, de maturité moyenne.

Obtenue en 1856 par M. Elphinstone, en Angleterre; introduite en France par nous en 1857.

Auguste Retemeyer (de Jonghe).

Fruit gros ou très-gros, de forme ronde ou ovale; couleur rouge vermillon, souvent à bout blanc ; graines saillantes ou peu enfoncées ; chair saumon, très-pleine, ferme, juteuse, sucrée, parfumée.

Plante très-vigoureuse, rustique, très-fertile, moyenne.

Obtenue en 1854 par de Jonghe, introduite en France par nous en 1857.

Beauty of England (Frewin).

Fruit gros, de forme en cœur ou allongée, quelquefois baroque, couleur rouge foncé, brillant ; chair rouge, juteuse, sucrée, parfumée ; graines enfoncées dans les alvéoles.

Plante vigoureuse et fertile, de maturité moyenne.

Obtenue en 1859 par M. Frewin, jardinier à Barnes, en Angleterre ; introduite en France par nous en 1860.

Belle de Vibert (Vibert).

Fruit gros, de forme variable, rouge foncé ; graines saillantes ; chair rose, creuse, sucrée, juteuse, relevée.

Plante rustique et vigoureuse, très-fertile, de maturité moyenne.

Obtenue il y a quinze ans environ par M. Vibert, à Angers.

Black Prince (Cuthill).

Fruit petit ou moyen, de forme en cœur obtus, quelquefois conique ; rouge brun ; graines peu enfoncées dans les alvéoles ; chair rouge, à cavité centrale, juteuse, sucrée, bonne, sans être parfumée.

Plante rustique, hâtive, très-fertile dans certaines localités, peu productive dans d'autres. Cette variété existe depuis de longues années en Ecosse sous le nom de « Malcolm's Aberdeen Seedling ». Plus tard, elle fut répandue sous le nom de « Black Prince » par James Cuthill.

Cole's Prolific.

Variété ressemblant beaucoup à Keen's Seedling, mais il m'a paru que ses fruits diminuent moins sensiblement que ceux de cette dernière variété.

Obtenue il y a une dizaine d'années par L. Cole, horticulteur à Bath.

Cox's Hybrid.

Fruit assez gros, de forme conique ou aplatie, rouge écarlate vif glacé ; graines saillantes ; chair veinée de rouge, pleine, ferme, juteuse, sucrée, acidulée, parfumée.

Plante vigoureuse et rustique, très-fertile et de maturité tardive.

Obtenue en Angleterre il y a une douzaine d'années.

Comte de Paris (Pelvilain).

Fruit assez gros, de forme en cœur pointu ; rouge cramoisi brillant ; graines peu enfoncées ; chair rouge, creuse, molle, juteuse, sucrée, relevée.

Plante vigoureuse, fertile, de maturité mi-hâtive.

Obtenue en 1846 par Pelvilain, jardinier chef au château de Meudon.

Comtesse de Marnes (Graindorge).

Fruit de grosseur très-variable, tantôt moyen ou gros, tantôt très-gros, de forme conique, rond ou en crête de coq et tomate; couleur rouge vermillon, quelquefois taché de jaune ; graines peu enfoncées dans les alvéoles ; chair creuse, blanc rosé, tendre, juteuse, sucrée, peu parfumée, se décomposant vite.

Plante rustique et vigoureuse, d'une grande fertilité et de maturité hâtive ; se force bien.

Répandue dans le commerce en 1849 par Denis Graindorge, cultivateur à Bagnolet, et figurée dans l'*Horticulteur français.*

Crimson Queen (Myatt).

Fruit gros ou très-gros, de forme très-variable,

rouge cramoisi terne, graines saillantes ; chair pleine, ferme, carnée, sucrée, juteuse, parfumée, excellente.

Plante vigoureuse, mais peu rustique dans beaucoup de terrains, fertile et tardive.

Obtenue en 1858 par Myatt, à Deptford, introduite par nous en France en 1860.

Délices du palais (docteur Nicaise).

Fruit moyen, de forme ronde ou ovale ; rouge vif luisant, graines saillantes ; chair ferme, pleine, juteuse, très-sucrée, très-parfumée.

Plante de végétation modérée, assez rustique, pas très-fertile, et de maturité moyenne.

Obtenue en 1858 par le docteur Nicaise, à Châlons-sur-Marne, d'un semis de la fraise *Cremont*.

Duchesse de Beaumont (Lorio).

Fruit gros ou très-gros, de forme ovale ou lobée, rouge foncé, graines saillantes ; chair rouge, pleine, ferme, sucrée, parfumée.

Plante vigoureuse et rustique, très-fertile, de maturité moyenne.

Obtenue en 1859 par Lorio, à Liége ; introduite par nous en France en 1860.

Eliza (Myatt).

Fruit moyen, de forme conique à col, rouge

vermillon glacé ; graines saillantes ; chair blanc rosé, pleine, ferme, fondante ; très-sucrée, très-parfumée, exquise.

Plante très-vigoureuse, très-rustique, de maturité hâtive. Malheureusement peu fertile.

Obtenue en 1850 par Myatt.

Elton Pine (Knight), synonyme : *Merveille* (Pelé).

Fruit gros, de forme le plus souvent conique, parfois carrée ou aplatie, rouge foncé glacé, graines jaunes, peu enfoncées ; chair rouge vif, pleine, juteuse, très-acide, parfumée ; manque presque totalement de sucre, et par ce motif est plutôt une fraise pour confitures que pour dessert.

Plante vigoureuse et rustique, fertile, très-tardive au Nord.

Obtenue en 1827 par Andrew Knight, à Downton-Castle en Angleterre ; connue en France seulement en 1840.

Garibaldi (Nicholson).

Fruit gros, de forme ovale, rouge vif glacé, graines enfoncées dans les alvéoles ; chair saumon, pleine, ferme, juteuse, sucrée, relevée.

Plante rustique et vigoureuse, fertile et de maturité moyenne.

Obtenue en 1859 par Nicholson, introduite en France par nous en 1860.

Great Eastern (Stewart et Neilson).

Fruit gros ou très-gros, de forme variable, couleur rose vif, graines saillantes ; chair blanche, pleine, ferme, juteuse, sucrée, relevée, très-bonne.

Variété vigoureuse et rustique, donnant peu de coulants, fertile et tardive.

Obtenue en 1859 par Stewart et Neilson, introduite en France par nous en 1861.

Haquin (Haquin).

Fruit très-gros, forme conique, ovale et quelquefois aplatie, rose vif glacé, graines rares, saillantes ; chair pleine, blanc veiné de rose, juteuse, sucrée, parfumée, exquise.

Plante très-vigoureuse et très-rustique, de maturité moyenne ou tardive. Si des essais futurs démontraient que cette variété possède, outre les qualités susnommées, celle d'être fertile, ce sera une précieuse acquisition à ajouter à la liste de choix.

Obtenue en 1861 par Haquin, horticulteur à Liége ; introduite en France par nous en 1863.

Hero (de Jonghe).

Fruit gros, assez régulièrement rond ou ovale,

rouge brillant, graines peu enfoncées dans les alvéoles ; chair cerise carminée, juteuse, sucrée, parfumée.

Plante très-rustique, vigoureuse et très-fertile, mûrit ses fruits de bonne heure.

Obtenue en 1859 par de Jonghe, introduite en France par nous en 1862.

Promet beaucoup.

Keen's Seedling, synonyme : *la Reine, l'Anglaise.*

Fruits petits et gros, de formes diverses, quelquefois arrondie ou ovale, les plus gros en crête de coq, rouge cramoisi vif vernissé, graines profondément enfoncées dans les alvéoles ; chair rouge à la circonférence, blanc rosé au centre, pleine, juteuse, fondante, très-sucrée, parfumée, excellente.

Plante rustique et vigoureuse, de maturité hâtive et se forçant bien. Malheureusement elle ne donne qu'une seule cueille de grosseur convenable.

Obtenue en 1820 par Michel Keen, jardinier maraîcher à Isleworth, en Angleterre, connue en France dès 1824.

Léopold (Lorio).

Fruit gros, de forme conique ou aplatie, rouge

pourpre luisant, graines peu enfoncées dans les alvéoles ; chair rose, pleine, juteuse, sucrée, relevée.

Bonne plante, très-vigoureuse, rustique, de fertilité et maturité moyennes.

Obtenue en 1852 par Lorio, à Liége ; introduite en France, en 1854, par M. Pelé.

Lord Murray (Stewart et Neilson).

Variété ayant quelques rapports avec la *British Queen*, mais paraît plus rustique et plus fertile.

Obtenue en 1860 par Stewart et Neilson, introduite en France par nous en 1861.

Lucida perfecta (Gloede).

Fruit gros, de forme ronde très-régulière, couleur rose orangé, graines saillantes ; chair blanche, pleine, sucrée, vineuse, parfumée, exquise.

Plante très-rustique, très-vigoureuse, fertile, de maturité moyenne et tardive.

Obtenue par nous en 1861 d'un semis de *Fragaria lucida* croisée avec la *British Queen*.

Il est probable que cette variété sera ultérieurement classée parmi les bonnes fraises.

Madame Louesse
Madame Collonge } (Graindorge).

Deux variétés à fruit gros ou très-gros, différant peu entre elles, forme très-variable, couleur rouge terne, graines enfoncées dans les alvéoles ; chair creuse, molle, rose veiné de rouge, sucrée, sans parfum. Médiocre. A cause de la rusticité et de la vigueur des plantes, joint à un certain degré de fertilité et de la grosseur des fruits, elles ont un certain mérite.

Maturité moyenne.

Obtenues en 1859 par Denis Graindorge, selon toute apparence d'un semis de la fraise *Surprise*.

Monstrueuse de Robine.

Fruit de grosseur et de forme très-variables, le plus souvent très-baroque et peu agréable à l'œil, rouge écarlate, graines enfoncées dans les alvéoles ; chair rose, sucrée, acidulée, pâteuse.

Plante très-vigoureuse, très-rustique, de fertilité moyenne ; maturité mi-hâtive.

Obtenue en 1856 par M. Robine, jardinier dans le département du Haut-Rhin.

Myatt's Pine apple.

Fruit moyen, de forme conique, couleur rose orangé, graines saillantes ; chair blanc de neige, pleine, beurrée, fondante, très-sucrée, très-parfumée, exquise.

Plante peu vigoureuse, peu fertile, de maturité moyenne. Délaissée à cause de sa délicatesse qui la fait périr souvent l'hiver. Peut-être serait-il mieux de la cultiver en pots et en terre de bruyère, car les qualités exquises de son fruit sont jusqu'ici sans égales, et il serait à regretter de la perdre,

Obtenue il y a quinze ans environ par le célèbre Myatt.

Nonsuch (Robertson).

Fruit moyen, de forme ronde, couleur rouge pourpre glacé, graines très-saillantes; chair rouge, pleine, beurrée, fondante, très-sucrée, très-riche, exquise.

Plante d'une végétation modérée, quoique rustique, de maturité et fertilité moyennes.

Obtenue en 1857 par Robertson, horticulteur à Paisley, en Ecosse, introduite en France par nous en 1859.

Princesse Royale (Pelvilain).

Fruit de grosseur inégale, de forme le plus souvent conique, rouge vermillon glacé, parfois à bout blanc, graines enfoncées dans les alvéoles; chair rose veinée de rouge, à cavité centrale avec mèche ligneuse, juteuse, sucrée, acidulée.

Plante très-vigoureuse, très-rustique, fertile et hâtive. Bonne à forcer. En culture bisannuelle, il paraît que cette fraise n'a point les défauts de conserver un bout blanc et d'avoir une mèche ligneuse. Il serait donc intéressant d'étudier cette question à fond.

Obtenue en 1846 par G. Pelvilain, à Meudon.

Il y a une sous-variété provenant de la *Princesse*, nommée *Marie-Amélie*. gagnée par M. Plée, à Bezons, il y a un certain nombre d'années, que je considère comme supérieure au type.

Palmée (Vibert), synonyme ; *Elite des Amateurs* (Robert et Moreau).

Fruit gros, de forme aplatie, couleur rouge foncé, chair rouge, juteuse, sucrée, pâteuse.

Plante assez rustique, assez vigoureuse, fertile et de maturité tardive.

Semis dû à M. Vibert, horticulteur à Angers.

Prince Arthur (Wilmot).

Fruit gros, de forme variable, conique, aplatie ou ovale, couleur rose orangé vif, graines saillantes ; chair blanc pur, ferme, pleine, juteuse, sucrée, très-parfumée.

Plante assez vigoureuse, peu rustique, mais dans certains sols très-fertile, maturité mi-tardive.

Obtenue en 1850 par Wilmot, à Isleworth.

Princess Frederick William (Niven).

Fruit de grosseur moyenne, quelquefois assez

gros, de belle forme ronde ou lobée, vermillon vif, graines rares, enfoncées dans les alvéoles ; chair rose, pleine, un peu pâteuse, peu sucrée, peu relevée.

Plante très-vigoureuse, très-rustique, très-fertile et des plus hâtives.

Obtenue en 1858 par M. Niven, horticulteur à Drumcondra, en Irlande, introduite en France par nous en 1859.

Prince of Wales (Ingram).

Fruit gros, de forme ovale ou allongée, couleur rouge vif, chair rose, juteuse, sucrée, acidulée.

Plante rustique et vigoureuse, maturité hâtive, et se force bien, de fertilité moyenne.

Obtenue en 1852 par M. Ingram, à Windsor, introduite en France par nous en 1854.

Quinquefolia (Myatt).

Fruit gros ou très-gros, de forme allongée, aplatie, rose orangé vif, graines saillantes ; chair blanc rosé, pleine, ferme, juteuse, sucrée, parfumée.

Plante souvent à cinq folioles, trapue, vigoureuse, peu rustique, très-fertile, maturité tardive.

Obtenue en 1850 par Myatt, introduite en France par nous en 1852.

Rifleman (docteur Roden).

Fruit gros ou très-gros, de forme très-allongée, aplatie ou en crête de coq, rouge foncé luisant, graines saillantes; chair ferme, rouge clair, pleine, juteuse, sucrée, parfumée.

Bonne plante, peu vigoureuse, mais rustique et fertile, mûrit de bonne heure.

Répandue par M. le docteur Roden, à Kidderminster, en Angleterre; introduite en France par nous en 1860.

Robuste (la) [de Jonghe].

Fruit gros, régulièrement rond, couleur rouge foncé, graines saillantes; chair rouge ferme, juteuse, très-sucrée, parfumée.

Plante très-vigoureuse, très-rustique, très-fertile, de maturité hâtive.

Obtenue en 1859 par de Jonghe, introduite en France par nous en 1862.

Sera probablement classée ultérieurement dans la liste de choix.

Ruby (Nicholson).

Fruit très-beau, gros, forme allongée, aplatie, couleur rouge vif glacé, chair pleine, ferme, blanc rosé, sucrée, relevée.

Plante rustique et fertile, de maturité hâtive. Bonne à forcer.

Obtenue en 1852 par Nicholson, introduite én France par nous en 1853.

Sir Walter Scott (Nicholson).

Fruit moyen ou gros, de forme en cône obtus, aplati du bout, couleur rouge vif, graines nombreuses saillantes; chair blanche, pleine, ferme, très-sucrée, très-parfumée.

Plante rustique et très-fertile, de maturité moyenne.

Obtenue en 1855 par Nicholson, introduite en France par nous en 1856.

Sultane (la) [docteur Nicaise].

Fruit gros, de forme conique, quelquefois deux fraises soudées ensemble, couleur d'un beau rouge vermillon, graines saillantes; chair blanche, pleine, ferme, juteuse, très-sucrée, très-parfumée, exquise.

Plante très-vigoureuse, mais pas assez rustique, car elle périt souvent l'hiver ou jaunit; très-fertile, de maturité moyenne.

Obtenue en 1858 par le docteur Nicaise, à Châlons-sur-Marne.

Triomphe (W. R. Prince).

Fruit petit ou moyen, de jolie forme conique, rouge écarlate brillant, graines peu enfoncées dans les alvéoles, chair blanc rosé, pleine, sucrée, juteuse, peu parfumée, bonne.

Plante très-touffue, rustique, très-fertile et très-hâtive. Réussit mieux dans un terrain frais, et demande beaucoup d'arrosements.

Obtenue en 1856 par W. R. Prince, horticulteur à New-York (Etats-Unis).

Triomphe de Gand.

Fruit gros, de forme allongée, ovale ou aplatie, rouge vif glacé, graines jaunes, saillantes, chair ferme, pleine, rose, sucrée, parfumée, très-bonne.

Plante rustique, vigoureuse et fertile, de maturité moyenne, d'origine belge ; très-estimée par certaines personnes.

Triomphe de Liége (Lorio).

Fruit gros ou très-gros, de forme variable, quelquefois en crête de coq, couleur rouge foncé, graines peu enfoncées, chair rouge, juteuse, sucrée, relevée.

Bonne plante très-vigoureuse et fertile, de maturité hâtive.

Obtenue en 1850 par Lorio, à Liége.

Victory of Bath (Lydiard).

Fruit gros, de forme ovale, rouge orangé vif, graines peu enfoncées, chair blanche, pleine, ferme, juteuse, sucrée, parfumée, excellente.

Plante vigoureuse, assez fertile, de maturité moyenne.

Obtenue en 1860 par Lydiard, jardinier à Bath, introduite en France par nous en 1862.

Virginie (de Jonghe).

Fruit gros, de forme ovale ou ronde, toujours régulière, rouge vif glacé, graines saillantes; chair rouge cerise, pleine, ferme, sucrée, juteuse, parfumée.

Plante très-vigoureuse, très-rustique et fertile, de maturité moyenne.

Obtenue en 1859 par de Jonghe, introduite en France par nous en 1862.

Wizard of the North (Robertson).

Fruit moyen ou gros, de forme variable, ovale, conique ou ronde, rouge terne, graines saillantes ; chair rose, pleine, juteuse, sucrée, peu parfumée et pâteuse,

Plante très-rustique et vigoureuse, extrêmement fertile et de maturité moyenne.

Obtenue en 1857 par Robertson, à Paisley ; introduite en France par nous en 1859.

Variétés existant encore dans la culture, mais qui disparaîtront peu à peu pour la plupart, étant surpassées par de meilleures gagnées depuis.

DE RACE AMÉRICAINE

Aigburth Seedling.

Ananas folio variegata.

Ananas de la halle ; synonymes : *Grandiflora; Ananas Saint-Laud*, à Angers ; *Ananas de Chamallière*, à Clermont-Ferrand ; *Fraise du Médoc*, dans le Bordelais.

Ananas blanc rosé ; synonymes : *de la Caroline à fruit blanc*; *de Bath* ; *Ananas de Guéménée.*

Annette (Salter).

Australia (Salter).

A Van Geert.

Baron (le) [Prince].

Belle Artésienne (Demay).

Bicolor (de Jonghe).
Boston Pine (Hovey).
Bouhon (Lemoine).
Brighton Pine.
Captain-Cook (Nicholson).
Charlemagne (Lorio).
Choix d'un connaisseur (de Jonghe).
Cœur de Saint-Innocent.
Comtesse Zamoïska (Jamin et Durand).
Cornue de Nantes.
Culverwell's sans pareil.
Délice de l'automne (Mackoy).
Deptford Pine (Myatt).
Docteur Karl-Koch (de Jonghe)
Duchesse de Brabant (Dallière).
Duchesse de Nemours.
Duke of Cambridge (Stewart et Neilson).
Eclipse (Prince).
Fertile d'Angers (Vibert).
Garibaldi (Stewart et Neilson).
Grand'Mère de Bollwiller (Baumann).
Henriette.
Hooper's Seedling.
Impérial Scarlet (Prince).
Impératrice Eugénie (Gauthier).
Jung Bahadoor (Nicholson).
La Boule du Monde (Soupert et Notting).
La Négresse (Soupert et Notting).
Ladies finger (Doigt de Dame).

Mammouth (Myatt).
Mistress Neilson (Stewart et Neilson).
Mount Vesuvius.
Munroe Scarlet.
Naimette (Lorio).
Ornement des Tables (Soupert et Notting).
Princess Royal of England (Cuthill).
Prince of Wales (Stewart et Neilson).
Prince Alfred (Stewart et Neilson).
Richard II (Cuthill).
Rival Queen (Tiley).
Robert Traill (de Jonghe).
Saint-Lambert (Lorio).
Scott's Seedling.
Sir Colin Campbell (Stewart et Neilson).
Surpasse Mammouth (Soupert et Notting).
Swainstones Seedling.
Thoms Seedling.
Turners Pine.
Wilsons Albany.
Ecarlate de Virginie.
Ecarlate Roseberry.
Ecarlate Duke of Kent.
Old Scarlet.
Unique Scarlet.
Ecarlate Asa Gray.
Souvenir de Nantes (Boisselot).
Lucida (de Californie).
Queen Victoria.

DE RACE EUROPÉENNE

Fraise des Bois.
Hayenbachiana.
Heterophylla.
Collina.
Du Valais (fraise Marteau).
Pratensis.
Viridis, fraise verte.
Majaufe ou Bargemon.
Vineuse de Champagne.
Monophylla de Duchesne.
De Montreuil ou Dent de Cheval.
Muricata, fraise de Plymouth.
Indica à fleur jaune.
Multiplex à fleur double.
Buisson des Bois (sans filets).
Capron Royal.
Capron Framboisé.
Prolific Hautbois.

Variétés définitivement rejetées, ne méritant plus la culture

Angélique (Jamin et Durand).
Ajax (Nicholson).

Amazon (Salter).
Astoria (Salter).
Athlète (Salter).
Baron Parguez (Gauthier).
Baronne Attenrode (Jamin et Durand).
Baron de Salamon (Graindorge).
Barnet's Seedling.
Belle de Croncels (Baltet).
Belle de Bruxelles (de Jonghe).
Belle de Palluau (docteur Bretonneau).
Britannia (Jackson).
Burr's Scioto.
Bostock ou Wellington.
Calypso.
Champion.
Charles' favourite.
Comtesse Kicka (Jamin et Durand).
Comtesse de Neuilly (Gauthier).
Coronation.
Dixon's Royal Pine.
Downton (Knight).
Durfee's Seedling.
Emilie (Jamin et Durand).
Ewbanks Seedling.
Exhibition (Nicholson).
Ferdinande (Lorio).
Globe (Myatt).
Haarlem Orange.
Highland Chief.

Honneur de la Belgique.
Hooker.
Hudson Bay.
Impérial Bath.
Improved Black Prince.
Impératrice Joséphine (Jamin et Durand).
Incomparable (Black).
Knevett's New Pine.
Liégeoise (la).
Lorio (Lorio).
Louise-Marie, reine des Belges.
Mac Avoy's Superior.
Mont Dassy.
Malcolm's Prize.
Marylandica.
Methven Castle.
Morris' New.
New Pine.
Omer Pacha.
Parisienne (la) [Jamin et Durand].
Peabody's Seedling.
Perle (la) [de Jonghe].
Pilmaston Black Scarlet.
Pivas Minston's Seedling.
Prince of Wales (Foyne).
Prince Albert (Myatt).
Psyché.
Princesse Sapiéha (Jamin).
Princesse Mathilde (Gauthier).

Reine Hortense (Jamin).
Sans pareille des bords du Rhin.
Stirling Castle Pine.
Scarlet non pareille (Patterson).
Taylor's Emperor.
Williams.
Yowa d'Amérique.
Hybride Chili et Daubenton.

TABLE DES MATIÈRES

Avant-propos.. 7

CULTURE DE PLEINE TERRE

Choix du terrain et travaux préparatoires............ 9
Époque de la plantation.............................. 12
Manière de planter................................... 13
Soins à donner après la plantation................... 16
Traitement après l'hiver et avant la fructification...... 18
Cueillette... 21
Emballage et transport des fraises................... 22
Usage des fraises.................................... 23
Confiture.. 23
Bonne recette pour confitures........................ 24
Soins à donner après la récolte...................... 24
Culture bisannuelle en lignes........................ 25
Culture sur ados..................................... 27
Pépinière et porte-coulants.......................... 29
Engrais et amendements............................... 31
Insectes nuisibles. — Le ver blanc................... 33
Chenilles verte et grise............................. 34
Limaces.. 35
Fourmi... 35
Quelques observations sur les fraises dites Caprons..... 36
Multiplication et semis. — Par coulants.............. 39
Par éclats ou division................................ 40
Par bouture des hampes fruitières.................... 40
Par semis.. 41
Choix des porte-graines.............................. 43

CULTURE HATÉE

Préparation du plant destiné à la culture hâtée....... 48
Établissement d'une couche........ 50
Insectes nuisibles dans la culture hâtée.............. 53
Variétés propres à la culture hâtée........... 54
Culture hâtée en pots...... 55
Traitement des fraisiers hâtés après la récolte... 56
Serre à fraises forcées..................... 57

CALENDRIER

DES TRAVAUX A EXÉCUTER DANS UNE FRAISIÈRE

Pendant les douze mois de l'année

Janvier.. 59
Février.......... 60
Mars..... 61
Avril.. 63
Mai... .. 64
Juin...................... 65
Juillet.. 67
Août........................ 67
Septembre............ 68
Octobre.. 70
Novembre............ 70
Décembre.............. 71

LISTE DESCRIPTIVE DES BONNES FRAISES

Variétés de race américaine... 73
Variétés européennes.................. 115
Fraises des Quatre-Saisons......................... 117
Par ordre de maturité. 119
Les plus hâtives.................................. 119
De maturité moyenne....... 119

Tardives........ 120
Très tardives.. 121
Les plus grosses et les plus belles pour ornement d'un dessert................................. 121
Les plus exquises........ 121
Les plus avantageuses pour la vente.................. 122
Propres à faire des confitures.... 122
Variétés qui supportent bien le transport............. 123
Liste descriptive de quelques variétés de race américaine, estimées par certaines personnes bien qu'elles ne puissent être considérées de premier mérite........ 125
Variétés encore existantes dans certaines cultures surpassées par de meilleures gagnées depuis. — De race américaine.................................. 142
De race européenne................................. 145
Variétés définitivement rejetées, ne méritant plus la culture..................................... 145

TABLE DES FIGURES

Fraisier avec le porte-fraises. (Couverture.)
Fig. 1. — Truelle ou transplantoir.................. 14
— 2. — Fraisier au moment de la plantation......... 15
— 3. — Porte-fraises. 20
— 4. — Encaissement d'un fraisier sur ados......... 29
— 5. — Bouture de fraisier........................ 41
— 6. — Couche pour la culture hâtée............... 51
— 7. — Serre à fraises pour forcer................ .. 57

Evreux, A. Hérissey, imp. — 665.

BIBLIOTHÈQUE DE L'AGRICULT...

ABEILLES (*Education des*), par A. ESPANET. In-18.........
AGRICULTURE. Quelques observations pratiques, par BODIN. Broch.......
ALCOOLISATION GÉNÉRALE, *Guide du fabricant d'alcools*, par BASSET. 1 vol. in-18, fig. et pl., 2e édition.........
ALMANACH DE L'AGRICULTEUR PRATICIEN pour 1865. 9e année. In-18, fig. Les années 1857 à 1864 chaque..........
ANALYSE CHIMIQUE APPLIQUÉE A L'AGRICULTURE (*Notions élémentaires d'*), par Isidore PIERRE. 1 vol. in-18 avec fig..........
BASSE-COUR ET LAPIN DOMESTIQUE, par YSABEAU. 1 vol. In-18.........
BÉTAIL (*De l'alimentation du*), par Isidore PIERRE. 1 vol. in-18, 3e édition.......
BÊTES OVINES (*des*) ET DES CHÈVRES, par YSABEAU. 1 vol. in-18, fig.......
BETTERAVE (*Culture et alcoolisation de la*), par BASSET. In-18, 2e édit.......
CAILLES, FAISANS ET PERDRIX, par ALLARY. 1 vol. in-18, fig..........
CÉRÉALES (*Culture des*), des plantes fourragères, etc., par I. PIERRE. In-18..
CULTIVATEUR ANGLAIS (*Le*), théorie et pratique de l'agriculture, par MURPHY, traduit de l'anglais par SANREY, 1 vol. in-18, fig..........
CULTURE (*De la petite*), par A. ESPANET. 1 vol. in-18..........
DINDONS ET PINTADES (*Éleveur de*), par MARIOT-DIDIEUX. In-18........
DRAINAGE (*Notes sur le*), par HERNOUX, In-18, 9 pl..........
DRAINAGE. L'art de tracer et d'établir les drains, par GRANDVOINNET. In-18, 150 fig.
ENGRAIS (*Des*) en général, etc., par Michel GREFF. In-18, 2e édit..........
FAISANS. COLINS, CANARDS MANDARINS, etc., par A. LEGRAND. 1 vol in-18.
FOURRAGES (*Valeur nutritive des*), par Isidore PIERRE. 3e édit. In-18..........
FUMIER DE FERME (*Le*), par QUÉNARD. In-18, 2e éd. ....
FUMIER (*Plâtrage et sulfatage du*), par I. PIERRE. In-18, 2e édit..........
GUANO DU PÉROU, composition, falsifications, etc. In-18..........
INSTRUMENTS ARATOIRES et *Trav. des champs*, par YSABEAU. 1 vol. in-18. fig.
IRRIGATION (*Manuel d'*), par DEBY. In-18, 100 fig..........
IRRIGATIONS, par J. DONALD, trad. par A. DE FRARIÈRE. In-18, fig..........
LAPIN DOMESTIQUE (*Education du*), par F. Alexis ESPANET. In-18, 3e éd.......
MAIS ET SORGHO SUCRÉ (*Alcoolisation des tiges de*). Alcool. — Cidre. — Bière. — Vins artificiels, par DURET. In-18..........
MARNE ET CHAUX. Leur emploi en agriculture, par Isidore PIERRE. In-18.......
PIGEONS *de colombier et de volière*, par MARIOT-DIDIEUX. In-18..........
PIGEONS, *Oiseaux de luxe, de volière et de cage*, par A. ESPANET. In-18.......
PLANTES FOURRAGÈRES (*Traité pratique de la culture des*), par DE THIER. 2e édit., corrigée par LEROY. In-18..........
PORCHERIES (*De l'établissement des*), construction, etc. In-18, 93 gravures...
PORCS (*Du traitement des*) aux différentes époques de l'année. In-18, 30 grav.
POULES, DINDES, OIES et CANARDS, par F. Alexis ESPANET. In-18..........
RACES BOVINES (*Amélioration des*) en France, par DE ST-FERJEUX. In-18, 2e éd.
RÉCOLTES DÉROBÉES (*Des*), comme fourrages et engrais verts, et culture de la MOUTARDE BLANCHE, traduit de l'anglais par J. A. G. In-18, fig..........
SANG DE RATE des animaux d'espèces ovine et bovine, par I. PIERRE. In-18..
SEMAILLES EN LIGNE (*Des*) et des semoirs mécaniques, par F. GEORGES. In-18.
SORGHO A SUCRE. Culture, etc., par MADINIER. In-8..........
SORGHO A SUCRE (*Guide du distillateur du*), par F. BOURDAIS. In-18..........
SORGHO SUCRÉ, comme plante fourragère, etc., par HERVÉ..........
STABULATION de l'espèce bovine, par PEERS. In-18.......... 1
VÉGÉTAUX (*Nutrit. des*) dans ses rapp. avec les *Assolements*, par DE BABO. In-18. 1
VERS A SOIE (*Eleveur de*), par MM. GUÉRIN-MÉNEVILLE et E. ROBERT. In-18, fig.
VINIFICATION. Traité pratique par E. RAY. In-18, 2e édit.......... 1
VISITE à un véritable agriculteur praticien, par DURAND-SAVOYAT. In-18.......... 1

(1) *L'Agriculteur praticien*, revue de l'Agriculture française et étrangère ; 24 numéros par an avec figures dans le texte. — Prix : 6 fr. — Les abonnements datent du 1er janvier de chaque année.

Evreux, A. HÉRISSEY imp. — 18..

www.ingramcontent.com/pod-product-compliance
Ingram Content Group UK Ltd.
Pitfield, Milton Keynes, MK11 3LW, UK
UKHW020254250726
13967UKWH00004B/1675